新世纪高职高专规划教材·计算机系列

中文版 Photoshop CS5图像处理

实训教程

赖亚非 陈雷 赵军 编著

清华大学出版社

北　京

内 容 简 介

　　本书由浅入深、循序渐进地介绍了 Adobe 公司最新推出的图像编辑处理软件——中文版 Photoshop CS5 的操作方法和使用技巧。全书共分 14 章，分别介绍了 Photoshop CS5 基础，图像文件基本操作，选区的绘制与编辑，图像绘制，图像修饰，图像编辑，图形及路径绘制，图像的色彩和色调调整，图层的操作，文字应用，通道与蒙版的应用，滤镜的应用，动作与任务自动化等内容。最后一章安排了综合实例，用于提高和拓宽读者对 Photoshop CS5 操作的掌握与应用。

　　本书内容丰富，结构清晰，语言简练，图文并茂，具有很强的实用性和可操作性，是一本适合于高职高专院校、成人高等学校以及相关专业的优秀教材，也是广大初、中级 Photoshop 用户的自学参考书。

　　本书对应的电子教案、实例源文件和习题答案可以到 http://www.tupwk.com.cn/teach 网站下载。

图书在版编目(CIP)数据

中文版 Photoshop CS5 图像处理实训教程/赖亚非，陈雷，赵军 编著. —北京：清华大学出版社，2011.1
(新世纪高职高专规划教材·计算机系列)
ISBN 978-7-302-24377-9

Ⅰ. 中…　Ⅱ. ①赖…　②陈…　③赵…　Ⅲ. 图形软件，Photoshop CS5—高等学校：技术学校—教材
Ⅳ. TP391.41

中国版本图书馆 CIP 数据核字(2010)第 244446 号

责任编辑：胡辰浩(huchenhao@263.net)　袁建华
装帧设计：孔祥丰
责任校对：成凤进
责任印制：李红英

出版发行：清华大学出版社　　　　　　　　地　　　址：北京清华大学学研大厦 A 座
　　　　　http://www.tup.com.cn　　　　　邮　　　编：100084
　　　　　社　总　机：010-62770175　　　邮　　　购：010-62786544
　　　　　投稿与读者服务：010-62776969,c-service@tup.tsinghua.edu.cn
　　　　　质　量　反　馈：010-62772015,zhiliang@tup.tsinghua.edu.cn
印　刷　者：北京市清华园胶印厂
装　订　者：三河市兴旺装订有限公司
经　　销：全国新华书店
开　　本：185×260　印　张：19.25　字　数：517 千字
版　　次：2011 年 1 月第 1 版　　印　　次：2011 年 1 月第 1 次印刷
印　　数：1～4000
定　　价：30.00 元

产品编号：039702-01

编审委员会

主任： 高　禹　　浙江海洋学院

委员：（以下编委顺序不分先后，按照姓氏笔画排列）

丛书序

高职高专教育是我国高等教育的重要组成部分，它的根本任务是培养生产、建设、管理和服务第一线需要的德、智、体、美全面发展的高等技术应用型专门人才，所培养的学生在掌握必要的基础理论和专业知识的基础上，应重点掌握从事本专业领域实际工作的基本知识和职业技能，因此与其对应的教材也必须有自己的体系和特色。

为了顺应当前我国高职高专教育的发展形势，配合高职高专院校的教学改革和教材建设，进一步提高我国高职高专教育教材质量，在教育部的指导下，清华大学出版社组织出版了"新世纪高职高专规划教材"。

为推动规划教材的建设，清华大学出版社组织并成立"新世纪高职高专规划教材编审委员会"，旨在对清华版的全国性高职高专教材及教材选题进行评审，并向清华大学出版社推荐各院校办学特色鲜明、内容质量优秀的教材选题。教材选题由个人或各院校推荐，经编审委员会认真评审，最后由清华大学出版社出版。编审委员会的成员皆来源于教改成效大、办学特色鲜明、师资实力强的高职高专院校和普通高校，教材的编写者和审定者都是从事高职高专教育第一线的骨干教师和专家。

编审委员会根据教育部最新文件政策，规划教材体系，"以就业为导向"，以"专业技能体系"为主，突出人才培养的实践性、应用性的原则，重新组织系列课程的教材结构，整合课程体系；按照教育部制定的"高职高专教育基础课程教学基本要求"，教材的基础理论以"必要、够用"为度，突出基础理论的应用和实践技能的培养。

"新世纪高职高专规划教材"具有以下特点。

(1) 前期调研充分，适合实际教学。本套教材在内容体系、系统结构、案例设计、编写方法等方面进行了深入细致的调研，目的是在教材编写前充分了解实际教学需求。

(2) 精选作者，保证质量。本套教材的作者，既有来自院校一线的授课老师，也有来自IT 企业、科研机构等单位的资深技术人员。通过老师丰富的实际教学经验和技术人员丰富的实践工程经验相融合，为广大师生编写适合教学实际需求的高质量教材。

(3) 突出能力培养，适应人才市场要求。本套教材注重理论技术和实际应用的结合，注重实际操作和实践动手能力的培养，为学生快速适应企业实际需求做好准备。

(4) 教材配套服务完善。对于每一本教材，我们在出版的同时，都将提供完备的 PPT 教学课件、案例的源程序、相关素材文件、习题答案等内容，并且提供实时的网络交流平台。

高职高专教育正处于新一轮改革时期，从专业设置、课程体系建设到教材编写，依然是新课题。清华大学出版社将一如既往地出版高质量的优秀教材，并提供完善的教材服务体系，为我国的高职高专教育事业作出贡献。

新世纪高职高专规划教材编审委员会

丛书书目

本套教材涵盖了计算机各个应用领域，包括计算机硬件知识、操作系统、数据库、编程语言、文字录入和排版、办公软件、计算机网络、图形图像、三维动画、网页制作以及多媒体制作等。众多的图书品种可以满足各类院校相关课程设置的需要。

➢ 已经出版的图书书目

书 名	书 号	定 价
《中文版 Photoshop CS5 图像处理实训教程》	978-7-302-24377-9	30.00 元
《中文版 Flash CS5 动画制作实训教程》	978-7-302-24127-0	30.00 元
《SQL Server 2008 数据库应用实训教程》	978-7-302-24361-8	30.00 元
《AutoCAD 机械制图实训教程(2011 版) 》	978-7-302-24376-2	30.00 元
《AutoCAD 建筑制图实训教程(2010 版) 》	978-7-302-24128-7	30.00 元
《网络组建与管理实训教程》	978-7-302-24342-7	30.00 元
《ASP.NET 3.5 动态网站开发实训教程》	978-7-302-24188-1	30.00 元
《Java 程序设计实训教程》	978-7-302-24341-0	30.00 元
《计算机基础实训教程》	978-7-302-24074-7	30.00 元
《电脑组装与维护实训教程》	978-7-302-24343-4	30.00 元
《电脑办公实训教程》	978-7-302-24408-0	30.00 元
《Visual C#程序设计实训教程》	978-7-302-24424-0	30.00 元
《ASP 动态网站开发实训教程》	978-7-302-24375-5	30.00 元
《中文版 AutoCAD 2011 实训教程》	978-7-302-24348-9	30.00 元
《中文版 3ds Max 2011 三维动画创作实训教程》	978-7-302-24339-7	30.00 元
《中文版 CorelDRAW X5 平面设计实训教程》	978-7-302- 24340-3	30.00 元
《网页设计与制作实训教程》	978-7-302-24338-0	30.00 元

前　言

中文版 Photoshop CS5 是 Adobe 公司最新推出的专业化图像编辑处理软件,被广泛应用于平面设计、网页设计及产品包装等诸多领域。为了适应更高的设计、绘图要求,Photoshop CS5 应用程序在原有版本的基础上对图像的编辑、绘制等诸多功能进行了完善,使设计师、摄影师等专业人员可以更加轻松快捷地完成创意要求。

本书从教学实际需求出发,合理安排知识结构,从零开始、由浅入深、循序渐进地讲解 Photoshop CS5 的基本知识和使用方法,本书共分 14 章,主要内容如下:

第 1 章介绍了 Photoshop CS5 基本概述、图像处理基础知识、应用程序工作界面以及自定义工作环境的操作。

第 2 章介绍了图像文件处理基础知识,文件的编辑管理以及辅助工具的使用。

第 3 章介绍了创建选区、选区基本操作、编辑选区等操作方法及技巧。

第 4 章介绍了颜色的设置、绘图工具的使用,填充、描边图像的操作方法及技巧。

第 5 章介绍了图像修复、修饰工具和擦除工具的使用方法及技巧。

第 6 章介绍了图像文件的各种常用的编辑操作方法以及【历史记录】面板的运用。

第 7 章介绍了形状工具的使用,路径的创建与编辑操作技巧,以及【路径】面板的运用。

第 8 章介绍了各种调整图像色彩、色调命令的操作方法及技巧。

第 9 章介绍了图层的创建、编辑,以及图层样式的操作方法及技巧。

第 10 章介绍了文字的输入与设置的操作方法。

第 11 章介绍了通道与蒙版创建、运用的方法以及技巧。

第 12 章介绍了 Photoshop CS5 中各种滤镜的使用方法和技巧。

第 13 章介绍了动作的运用与任务自动化的操作方法。

第 14 章通过综合实例介绍 Photoshop CS5 的综合应用。

本书图文并茂,条理清晰,通俗易懂,内容丰富,在讲解每个知识点时都配有相应的实例,方便读者上机实践。同时在难于理解和掌握的部分内容上给出相关提示,让读者能够快速地提高操作技能。此外,本书配有大量综合实例和练习,让读者在不断的实际操作中更加牢固地掌握书中讲解的内容。

本书免费提供书中所有实例的素材文件、源文件以及电子教案、习题答案等教学相关内容,读者可以在丛书支持网站(http://www.tupwk.com.cn/teach)上免费下载。

本书是集体智慧的结晶,参加本书编写和制作的人员还有陈笑、方峻、何亚军、王通、高娟妮、李亮辉、杜思明、张立浩、曹小震、蒋晓冬、洪妍、孔祥亮、王维、牛静敏、葛剑雄等人。由于作者水平有限,加之创作时间仓促,本书不足之处在所难免,欢迎广大读者批评指正。我们的邮箱是:huchenhao@263.net,电话:010-62796045。

作　者
2010 年 9 月

章　名	重点掌握内容	教 学 课 时
第 1 章　初识 Photoshop CS5	1. 图像处理基础知识 2. 工作界面 3. 设置 Photoshop 首选项 4. 设置工作区	2 学时
第 2 章　图像文件基本操作	1. 新建图像文件 2. 置入图像文件 3. 图像的显示效果 4. 标尺、参考线和网格线的设置 5. 图像和画布尺寸的调整	3 学时
第 3 章　创建和编辑选区	1. 选择工具的使用 2. 选区的运算 3. 选区的编辑操作	2 学时
第 4 章　绘制图像	1. 设置颜色 2. 绘图工具的使用 3. 填充与描边	4 学时
第 5 章　修饰图像	1. 修复与修补工具 2. 修饰工具 3. 橡皮擦工具	2 学时
第 6 章　编辑图像	1. 图像编辑工具 2. 图像的移动、复制和删除 3. 图像的变换 4. 用【历史记录】面板还原操作	3 学时
第 7 章　绘制图形及路径	1. 了解绘图模式 2. 绘制图形 3. 绘制路径 4. 路径的运算方法 5.【路径】面板	3 学时
第 8 章　调整图像的色彩和色调	1. 快速调整图像 2. 调整图像色彩与色调 3. 特殊颜色处理	4 学时

(续表)

章　名	重点掌握内容	教学课时
第9章　图层的操作	1. 【图层】面板 2. 创建图层 3. 编辑图层 4. 排列与分布图层 5. 图层样式 6. 使用【样式】面板	5 学时
第10章　应用文字	1. 文字的输入 2. 设置文字属性 3. 设置段落属性 4. 创建变形文字 5. 创建路径文字	3 学时
第11章　通道与蒙版	1. 矢量蒙版 2. 图层蒙版 3. 剪贴蒙版 4. 【通道】面板 5. 【应用图像】命令 6. 【计算】命令	4 学时
第12 章　应用滤镜	1. 滤镜库 2. 智能滤镜 3. 滤镜组 4. 【镜头校正】滤镜 5. 【消失点】滤镜	4 学时
第13章　动作与任务自动化	1. 【动作】面板 2. 播放动作 3. 记录动作 4. 批处理	3 学时
第14章　Photoshop 综合实例应用	1. 制作书籍封面 2. 制作文字效果 3. 制作电脑桌面壁纸	5 学时

注：1. 教学课时安排仅供参考，授课教师可根据情况作调整。

　　　2. 建议每章安排与教学课时相同时间的上机实战练习。

新世纪高职高专规划教材

目 录 CONTENTS

新世纪高职高专规划教材

新世纪高职高专规划教材

第 1 章

初识 Photoshop CS5

主要内容　Photoshop CS5 是 Adobe 公司经典图像编辑处理软件的升级版本。本章主要介绍 Photoshop CS5 的工作界面的设置和图像处理的基础知识，使用户熟悉 Photoshop CS5 图像处理基础知识，以及定制更为便利和高效的工作环境。

本章重点
> 图像处理基础知识
> 工作界面
> 屏幕模式

> 设置首选项
> 自定义工作区
> 自定义工具快捷键

1.1　Photoshop CS5 简介

　　Photoshop 是由美国 Adobe 公司推出的图像处理软件。它是基于 Macintosh 和 Windows 平台运行的最为流行的图形图像编辑处理应用程序之一。自从推出以来 Photoshop 一直以功能齐全、操作简便、升级快速等特点，在图像处理领域建立了不可替代的牢固地位。

　　Photoshop CS5 是 Adobe 公司最新推出的升级版本，包括标准版和扩展版两个版本。本书中所使用的 Photoshop CS5 标准版。Photoshop CS5 标准版适合摄影、印刷等设计人员使用，使用其强大的图像调整、修饰、合成功能可以创作出更为完美的图像效果。

1.2　图像处理基础知识

　　在学习使用 Photoshop CS5 图像处理前，首先需要了解一些图像处理的基础知识，如图像文件类型、分辨率、色彩模式以及格式等。以便用户更加有效、合理地使用 Photoshop 应用程序进行图像文件编辑处理的操作。

§ 1.2.1　位图和矢量图

　　图像文件都是以数字方式进行记录和存储的，其中包括位图和矢量图像两种类型。这两种图像类型具有各自的特点，在实际的编辑处理图像文件过程中经常交叉使用。

1. 位图

位图又称为点阵图像，由许多小点组成，其中每一个点即为一个像素，而每一个像素都有明确的颜色。Photoshop 和其他绘画及图像编辑软件产生的图像基本上都是位图图像。

位图图像的优点在于能表现颜色的细微层次。同时可以在不同软件中进行应用。由于位图图像与分辨率有关，如果以较大的倍数在屏幕上放大显示，或以过低的分辨率打印，点阵图像会出现锯齿状的边缘，丢失细节。同时由于位图图像是以排列的像素集合而成的，因此不能单独操作局部的位图像素；同时位图图像所记录的信息内容较多，文件容量较大，所以对电脑硬件要求相对较高。

2. 矢量图

矢量图像也可以叫做向量式图像，它是以数学式的方法记录图像的内容。其记录的内容以线条和色块为主，由于记录的内容比较少，不需要记录每一个点的颜色和位置等内容，所以它的文件容量较小，这类图像很容易进行放大，旋转等操作，且不易失真，精确度较高，因而在一些专业的图形软件中应用较多。

但矢量图像不适于制作一些色彩变化较大的图像，且由于不同应用程序的存储矢量图的方法不同，在不同应用程序之间的转换也有一定的难度。

§ 1.2.2　分辨率

分辨率是图像的一个重要基本概念，它是衡量图像细节表现力的技术指标。分辨率是指位图图像在每英寸上所包含的像素数量。每英寸的像素越多，分辨率越高。一般来说，图像的分辨率越高，得到的印刷图像的质量越好。但分辨率的种类有很多，其含义也各有不同。正确理解分辨率在不同情况下的具体含义，掌握不同表示方法之间的相互关系，至关重要。

1. 图像分辨率

图像分辨率是指图像中存储的信息量。图像分辨率是指每英寸图像含有多少个点或者像素，分辨率的单位为点/英寸，例如 600dpi 指每英寸图像含有 600 个点或者像素。图像分辨率和图像尺寸的数值一起决定着文件的大小及输出质量。该值越大图像文件占用的磁盘空间越多。

因此，在处理图像时，不同品质的图像最好根据实际情况设置不同的分辨率，从而可以减少损失，做到恰到好处。通常在打印输出时，所要打印的图像的分辨率调的较高，而在浏览时则可以调低。

 提示

像素是用于记录图像的基本单位，其形状为正方形，并且具有颜色属性。位图图像的像素大小(图像大小或高度和宽度)是指沿图像的宽度和高度测量出的像素数目。

2. 屏幕分辨率

屏幕分辨率是屏幕图像的精密度，指显示器能显示的点数的多少。由于屏幕上的点、线和面都是由点组成的，所以显示器可显示的点数越多，画面就越精细，屏幕区域内能显示的信息也就越多。

3. 扫描分辨率

扫描分辨率是指在使用扫描仪扫描图像之前设置的分辨率，它将影响扫描所生成的图像文件的质量，决定图像将以何种品质显示或打印。大多数情况下，扫描的图像用于高分辨率的设备中输出。如果图像扫描分辨率过低，会导致输出的效果非常粗糙。相反，如果扫描过高，则图像中可能会出现超出打印所需的数字信息，不但会减慢打印速度，而且在打印输出时会丢失某些图像色彩细节。

§ 1.2.3　图像的颜色模式

颜色模式是描述颜色的依据，是用于表现色彩的一种数学算法，是指一幅图在电脑中显示或打印输出的方式。常见的颜色模式包括位图、灰度、双色调、索引颜色、RGB 颜色、CMYK 颜色、Lab 颜色、多通道及 8 位或 16 位/通道模式等。颜色模式的不同，对图像的描述和所能显示的颜色数量也不同。除此之外，颜色模式还影响通道数量和文件大小。默认情况下，位图、灰度和索引颜色模式的图像只有 1 个通道；RGB 和 Lab 颜色模式的图像有 3 个通道；CMYK 颜色模式的图像有 4 个通道。

1. CMYK 模式

CMYK 是印刷中必须使用的颜色模式。C 代表青色，M 代表洋红，Y 代表黄色，K 代表黑色。实际应用中，青色、洋红和黄色很难形成真正的黑色，因此引入黑色用来强化暗部色彩。在 CMYK 模式中，由于光线照到不同比例的 C、M、Y、K 油墨纸上，部分光谱被吸收，反射到人眼中产生颜色，所以该模式是一种减色模式。使用 CMYK 模式产生颜色的方法叫做色光减色法。

2. RGB 模式

RGB 是测光的颜色模式，R 代表 Red(红色)，G 代表 Green(绿色)，B 代表 Blue(蓝色)。3 种色彩叠加形成其他颜色，因为 3 种颜色每一种都有 256 个亮度水平级，所以彼此叠加就能形成 1670 万种颜色。RGB 颜色模式是由红、绿、蓝相叠加而形成的其他颜色，因此该模式也称为加色模式。图像色彩均由 RGB 数值决定。当 RGB 数值均为 0 时，为黑色；当 RGB 数值均为 255 时，为白色。

3. 灰度模式

【灰度】模式中只存在灰度色彩，并最多可达 256 级。灰度图像文件中，图像的色彩饱和度为 0，亮度是唯一能够影响灰度图像的参数。

新世纪高职高专规划教材

在 Photoshop 应用程序中选择【图像】|【模式】|【灰度】命令将图像文件的颜色模式转换成灰度模式时，将弹出一个警告对话框，提示该转换将丢失颜色信息。

§ 1.2.4 常用的图像文件格式

同一幅图像文件可以使用不同的文件格式来进行存储，但不同文件格式所包含的信息并不相同，文件的大小也有很大的差别。因而，在使用时应当根据需要选择合适的文件格式。

在 Photoshop 中，支持的图像文件格式有 20 余种。因此，在 Photoshop 中可以对多种格式的图像文件进行编辑处理，并且可以以其他格式存储图像文件。

1. PSD 格式

PSD 格式是 Photoshop 软件的专用图像文件格式，它能够支持全部图像颜色模式的格式，并且它能保存图像中各个图层的效果和相互关系，各图层之间相互独立，以便于对单独的图层进行修改或制作各种特效。

但以 PSD 格式保存的图像通常包含较多的数据信息，因此，比其他格式的图像文件占用更多的磁盘空间。

2. TIF 格式

TIF 是一种比较通用的图像格式，几乎所有的扫描仪和大多数图像软件都支持该格式。这种格式支持 RGB、CMYK、Lab、索引以及灰度等颜色模式，并且在 RGB、CMYK 及灰度模式中支持 Alpha 通道的使用。而且同 EPS 和 BMP 等文件格式相比，其图像信息最紧凑，因此 TIF 文件格式在各软件平台上得到了广泛支持。

3. BMP 格式

BMP 格式是标准的点阵式图像文件格式。这种格式支持 1~24 位颜色深度，使用的颜色模式可为 RGB、索引颜色、灰度和位图等，且与设备无关。

4. GIF 格式

GIF 格式是由 CompuServe 提供的一种图像格式。由于 GIF 格式支持 LZW 压缩，缩短图形加载的时间，使图像文件占用较少的磁盘空间，所以被广泛应用于通信领域和 HTML 网页文档中。但 GIF 格式仅支持 8 位图像文件。

5. JPEG 格式

JPEG 是一种带压缩的文件格式，其压缩率是目前各种图像文件格式中最高的。但 JPEG 在压缩时图像存在一定程度的失真，因此，在制作印刷制品时最好不要使用。JPEG 格式支持 RGB、CMYK 和灰度颜色模式，但不支持 Alpha 通道，它主要用于图像的预览和制作 HTML 网页。

6. EPS 格式

EPS 格式是跨平台的标准格式，其扩展名在 Windows 平台上为*.eps，在 Macintosh 平台上为*.epsf，可以用于存储矢量图形和位图图像文件。EPS 格式采用 PostScript 语言进行描述，可以保存 Alpha 通道、分色、剪辑路径、挂网信息和色调曲线等数据信息，因此 EPS 格式也常被用于专业印刷领域。EPS 格式是文件内带有 PICT 预览的 PostScript 格式，基于像素的 EPS 文件要比以 TIFF 格式存储的相同图像文件所占磁盘空间大，基于矢量图形的 EPS 格式的图像文件要比基于位图图像的 EPS 格式的图像文件小。

1.3 工作界面

启动 Photoshop CS5 应用程序后，打开任意图像文件，显示如图 1-1 所示的工作区，所有图像处理工作都是在工作区中完成的。

图 1-1 工作区

§ 1.3.1 菜单栏

菜单栏是 Photoshop 的重要组成部分，如图 1-2 所示，其中包括 Photoshop 的大部分操作命令。Photoshop CS5 将所有的操作命令分类后，分别放置在 9 个菜单中。

文件(F) 编辑(E) 图像(I) 图层(L) 选择(S) 滤镜(T) 视图(V) 窗口(W) 帮助(H)

图 1-2 菜单栏

只要单击其中一个菜单，就会出现一个下拉菜单列表。在菜单中，如果命令显示为浅灰色，则表示该命令当前状态为不可执行；命令右方的字母组合代表该命令的键盘快捷键，按下该快捷键即可快速执行该命令，使用键盘快捷键有助于提高工作效率；若命令后面带省略号，则表示执行该命令后，屏幕上将会打开对话框。如图 1-3 所示。

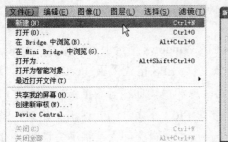

图 1-3 使用菜单栏

§ 1.3.2 工具箱

　　Photoshop 的工具箱中包含了用于创建和编辑图像、页面元素等的工具和按钮，如图 1-4 所示。单击工具箱顶部的▶▶按钮，可以将工具箱切换为双排显示。

　　单击工具箱中的工具按钮图标，即可使用该工具。如果工具按钮右下方有一个三角形符号，则代表该工具还有弹出式的工具，单击工具按钮则会出现一个工具组，将鼠标移动到工具图标上，即可切换不同的工具，如图 1-5 所示。也可以按住 Alt 键单击工具按钮以切换工具组中不同的工具。另外，选择工具还可以通过快捷键来执行，工具名称后的字母即为工具快捷键。

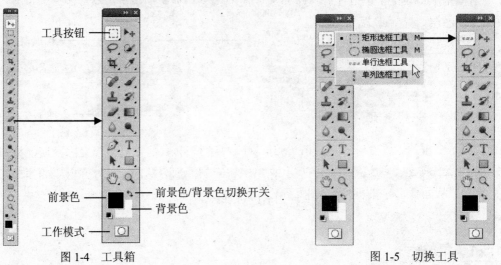

图 1-4　工具箱　　　　　　　　　　　　　　　　　图 1-5　切换工具

§ 1.3.3 选项栏

　　选项栏在 Photoshop 应用中具有非常关键的作用，它位于菜单栏的下方，当选中【工具】面板中的任意工具时，选项栏会变成相应工具的属性设置选项，用户可以利用它来设置工具的各种属性，其外观也会随着选取工具的不同而改变。如图 1-6 所示。

图 1-6　选项栏

§ 1.3.4 状态栏

状态栏位于文档窗口的底部，用于显示诸如当前图像的缩放比例、文件大小以及有关使用当前工具的简要说明等信息。在最左端的文本框中输入数值，然后按下 Enter 键，可以改变图像窗口的显示比例。另外，单击状态栏上的 ▶ 按钮，将弹出快捷菜单。用户可以通过菜单中的命令选择状态栏中需要显示的内容，如图 1-7 所示。

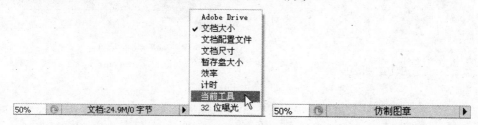

图 1-7 状态栏

§ 1.3.5 控制面板

面板是 Photoshop CS5 工作区中重要的组成部分，通过面板可以完成图像处理时工具参数设置，图层、路径编辑等操作。

在默认状态下，启动 Photoshop CS5 应用程序后，常用面板将置于工作区的右侧面板组中，如图 1-8 所示。一些不常用面板，可以通过选择【窗口】菜单中的相应的命令使其显示在操作窗口内。

1. 打开、关闭面板

面板最大的优点是在需要时可以打开，不需要时可以将其隐藏，以免因控制面板遮挡图像而带来操作不便。通过选择【窗口】菜单中相应的面板名称，即可打开所需的面板，如图 1-9 所示。从面板名字前面的 √ 可以了解面板的显示状态。

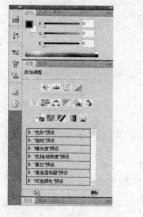

图 1-8 面板组

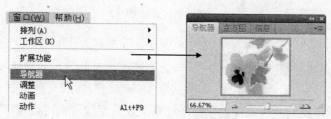

图 1-9 打开面板

对于不需要使用的面板，可以将其折叠或关闭以便增大显示区域的面积。单击面板组右

上角的 ![] 按钮，可以将面板折叠为图标状，如图 1-10 所示。单击面板右上角的 ![] 按钮可以再次展开面板组。要关闭面板，直接单击面板组右上角的 ![] 按钮即可，用户也可以通过面板菜单中的【关闭】命令关闭面板，或选择【关闭选项卡组】命令关闭面板组，如图 1-11 所示。

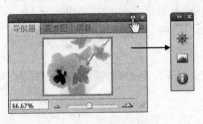

图 1-10　折叠面板　　　　　　　　　　　　图 1-11　关闭面板

2. 拆分、合并面板

默认设置下，每个面板组中都包含 2~3 个不同的面板，如果要同时使用同一面板组中的两个面板，就需要来回切换面板显示。此时最好的解决方法是将这两个面板分离，同时在屏幕上显示。方法很简单，只要在面板名称标签上按住鼠标左键并拖动，将其拖出面板组后，释放鼠标即可，如图 1-12 所示。

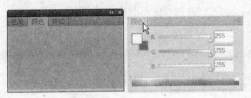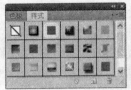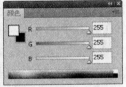

图 1-12　拆分面板

同样，用户也可以将某些不常用的面板合并起来，按住鼠标拖动面板名称标签到需要合并的面板上，释放鼠标即可实现面板的合并，如图 1-13 所示。

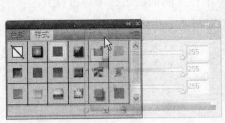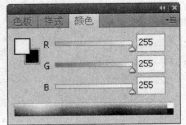

图 1-13　合并面板

1.4　屏幕模式

使用不同的屏幕模式在整个屏幕上查看图像，也可以在界面中显示或隐藏菜单栏、标题栏和滚动条等不同组件。在 Photoshop CS5 中提供了【标准屏幕模式】、【带有菜单栏的全屏模式】和【全屏模式】3 种屏幕模式。

在菜单栏中，选择【视图】|【屏幕模式】命令，或单击应用程序栏上的【屏幕模式】按

钮 ，从弹出式菜单中选择所需要的模式即完成屏幕模式的选择，如图 1-14 所示。

图 1-14 选择屏幕模式

> 【标准屏幕模式】：Photoshop CS5 默认的显示模式。在该模式下显示全部工作界面的组件，如图 1-15 所示。
> 【带有菜单栏的全屏模式】：显示带有菜单栏和 50%灰色背景、隐藏标题栏和滚动条的全屏窗口，如图 1-16 所示。
> 【全屏模式】：在工作界面中，显示只有黑色背景的全屏窗口，隐藏标题栏、菜单栏或滚动条，如图 1-17 所示。

图 1-15 标准屏幕模式

图 1-16 带有菜单栏的全屏模式

在选择【全屏模式】时，将弹出【信息】对话框，选中【不再显示】复选框，当再次选择【全屏模式】时，将不再显示该对话框，如图 1-18 所示。

图 1-17 全屏模式

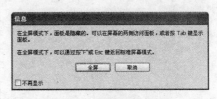

图 1-18 【信息】对话框

技巧

在全屏模式下，两侧面板处于隐藏状态。可以将光标置于屏幕两侧的访问面板上，或者按 Tab 键显示面板。另外，在全屏模式下，按 F 键或 Esc 键可以返回标准屏幕模式。并且按 F 键可以在 3 种屏幕模式之间进行切换。

1.5 设置 Photoshop 首选项

设置 Photoshop CS5 的首选项，可以有效地提高 Photoshop 的运行效率，使其更加符合用

户的操作习惯。选择【编辑】|【首选项】命令子菜单中选择所需的首选项组；或打开【首选项】对话框后，通过单击【下一个】按钮显示列表中的下一个首选项组；单击【上一个】按钮显示上一个首选项组，如图 1-19 所示。

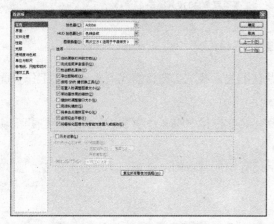

提示

要恢复首选项默认设置，可以在启动 Photoshop CS5 应用程序时按住 Alt+Ctrl+Shift+E 组合键，系统会提示将要删除当前的设置。单击【是】按钮，将恢复为原始的首选项设置。

图 1-19　【首选项】对话框

【首选项】命令包括【常规】选项、【界面】选项、【文件处理】选项、【性能】选项、【光标】选项、【透明度与色域】选项、【单位与标尺】选项、【参考线、网格和切片】选项、【增效工具】选项和【文字】选项。每次退出应用程序时，Photoshop 都会存储当前的首选项设置。

【例 1-1】在 Photoshop CS5 应用程序中，设置 Photoshop 首选项。

(1) 启动 Photoshop CS5 应用程序，选择【编辑】|【首选项】|【界面】命令，打开【首选项】对话框，如图 1-20 所示。

(2) 在【标准屏幕模式】的【颜色】下拉列表中选择【黑色】选项，并选中【用彩色显示通道】复选框，如图 1-21 所示。

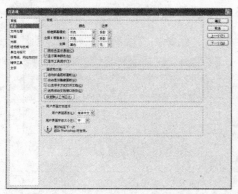

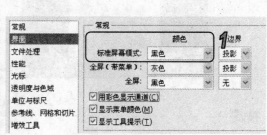

图 1-20　打开【首选项】对话框　　　　图 1-21　设置屏幕模式

(3) 在【首选项】对话框左侧的选项列表中，单击【性能】选项，显示设置选项。在【暂存盘】选项中，选中 F:\复选框，并连续单击 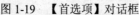 按钮，将其设置为第一暂存盘，如图 1-22 所示。设置完成后，单击【确定】按钮关闭对话框。

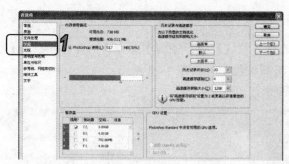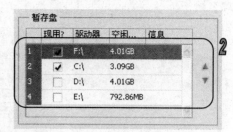

图 1-22　设置暂存盘

技巧

　　暂存盘是处理图像文件时，存放临时缓存数据、交换运算信息的磁盘空间。在【暂存盘】选项区域中，应设置系统磁盘自由空间最大的分区为第一暂存盘，然后依次类推。最好不要设置系统盘作为第一暂存盘，以防频繁读写硬盘数据而导致的操作系统运行效率降低。

1.6　设置工作区

　　在 Photoshop CS5 工作区中，用户可以按照操作习惯重新调整【工具】面板和各个功能面板的位置，也可以显示、隐藏、组合或拆分所需的功能面板，并且还可以通过【窗口】|【工作区】|【新建工作区】命令存储调整后的工作区，以便于操作时载入应用。

§ 1.6.1　使用预设工作区

　　Photoshop CS5 提供了多种不同功能的预置工作区。用户可以选择【窗口】|【工作区】命令中的子菜单，或在应用程序栏中单击工作区按钮，在弹出的菜单中选择所需的工作区，如图 1-23 所示。

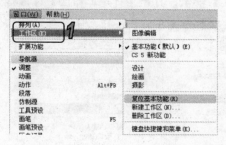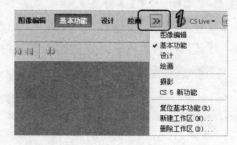

图 1-23　使用预设工作区

§ 1.6.2　创建自定义工作区

　　在 Photoshop 应用程序中，除了可以使用预设工作区外，用户也可以按照操作需要和习惯重新调整工作区，同时可以保存当前调整的工作区，以便再次操作时载入应用。

【例1-2】创建自定义工作区。

(1) 在 Photoshop CS5 应用程序中，选择【窗口】|【导航器】命令，打开【导航器】面板，然后将【导航器】面板组合到右侧常用面板组中，如图1-24所示。

图1-24　组合面板

(2) 在常用面板组中，选择【蒙版】面板标签，选择面板菜单中的【关闭】命令将其关闭，如图1-25所示。

(3) 选择【调整】面板标签，将其拖动至【导航器】面板上，与【导航器】面板组合，如图1-26所示。

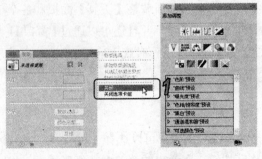
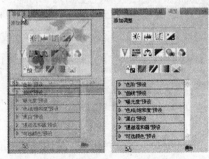

图1-25　关闭面板　　　　　　　　　　　　　图1-26　合并面板

(4) 选择【窗口】|【工作区】|【新建工作区】命令，打开【新建工作区】对话框。在对话框的【名称】文本框中输入"工作区-1"，然后单击【存储】按钮，保存自定义工作区。创建的工作区名称将出现在工作区列表中，如图1-27所示。

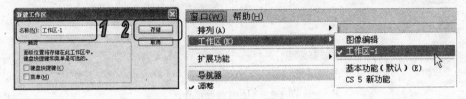

图1-27　新建工作区

技巧

用户可以创建自定义工作区，也可以删除工作区。选择【窗口】|【工作区】|【删除工作区】命令，打开【删除工作区】对话框。在【工作区】下拉列表中选择需要删除的工作区，然后单击【删除】按钮即可，如图1-28所示。

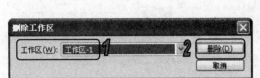
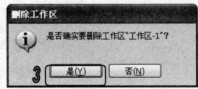

图 1-28　删除工作区

§ 1.6.3　自定义彩色菜单命令

在 Photoshop 中，可以将经常使用的某些菜单命令定义为彩色，以便在菜单中快速找到所需的命令。

【例 1-3】自定义彩色的菜单命令。

(1) 选择【窗口】|【工作区】|【键盘快捷键和菜单】命令，打开【键盘快捷键和菜单】对话框，如图 1-29 所示。

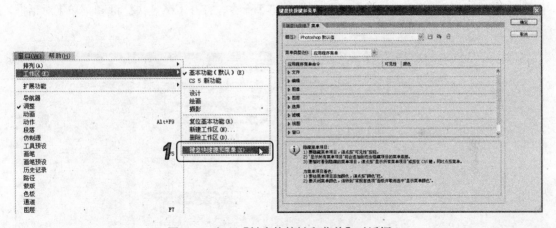

图 1-29　打开【键盘快捷键和菜单】对话框

(2) 在对话框中，单击【文件】前的▷按钮，打开【文件】菜单，选择【新建】命令，在【颜色】栏中单击，在打开的下拉列表中选择【红色】，如图 1-30 所示。

图 1-30　设置菜单颜色

(3) 单击【确定】按钮，关闭对话框。打开【文件】菜单可以看到【新建】命令已更改为红色，如图 1-31 所示。

新世纪高职高专规划教材

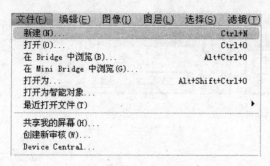

图 1-31　查看菜单

§ 1.6.4　自定义工具快捷键

熟练运用快捷键，可以极大地提高工作的效率。Photoshop CS5 为用户提供了自定义修改
快捷键的权限，用户可以根据操作习惯来定义菜单快捷键、面板快捷键以及【工具】面板中
各个工具的快捷键。选择【编辑】|【键盘快捷键】命令，打开【键盘快捷键和菜单】对话框，
如图 1-32 所示。

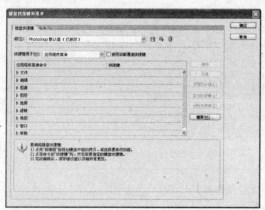
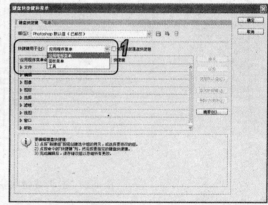

图 1-32　【键盘快捷键和菜单】对话框

【快捷键用于】下拉列表框中提供了【应用程序菜单】、【面板菜单】和【工具】3 个
选项。选择【应用程序菜单】选项后，在下方的列表框中单击展开某一菜单，再单击需要添
加或修改快捷键的命令，然后输入新的快捷键即可；选择【面板菜单】选项，便可以对某个
面板的相关操作定义快捷键；选择【工具】选项，则可对【工具】面板中的各个工具的选项
设置快捷键。

【例 1-4】自定义菜单命令快捷键。

(1) 选择【窗口】|【工作区】|【键盘快捷键和菜单】命令，打开【键盘快捷键和菜单】
对话框。

(2) 单击【图像】前的▷按钮，展开列表，在【亮度/对比度】命令右侧的快捷键区域单
击，将出现空白的文本框，如图 1-33 所示。

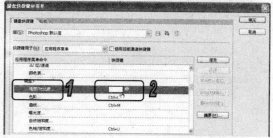

图 1-33 选择命令

（3）按下 Shift+Ctrl+Q 键，设置为【亮度/对比度】命令的快捷键，单击【接受】按钮，然后单击【确定】按钮关闭对话框。选择【图像】|【调整】|【亮度/对比度】命令下拉菜单，此时，【亮度/对比度】命令后显示了自定义的快捷键，如图 1-34 所示。

（4）单击【根据当前的快捷键组创建一组新的快捷键】按钮 ，在打开的【存储】对话框的【文件名】文本框中输入"快捷键-1"，然后单击【保存】按钮，如图 1-35 所示。然后单击【确定】按钮关闭对话框，应用设置。

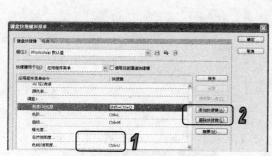

图 1-34 设置快捷键   图 1-35 存储快捷键

（5）设置完成后，单击【键盘快捷键和菜单】对话框中的【确定】按钮关闭对话框，应用设置。

1.7 上机实战

本章的上机实战主要练习创建、存储用户自定义工作区的操作方法，使用户熟悉工作界面中各组件的使用方法及技巧。

（1）启动 Photoshop CS5 应用程序，选择【编辑】|【菜单】命令，打开【键盘快捷键和菜单】对话框，在应用程序菜单命令列表中单击【窗口】命令前的▷按钮，展开【窗口】命令列表，如图 1-36 所示。

（2）在【窗口】命令列表中，选中【工作区】命令，单击颜色栏选项，从下拉列表中选择【红色】选项。

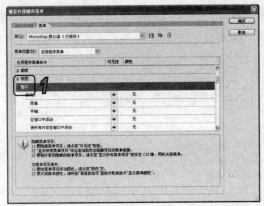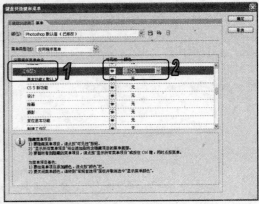

图1-36 展开【窗口】命令列表

(3) 在【工作区】命令列表中，单击【复位基本功能】命令打开颜色栏选项，从下拉列表中选择【红色】选项，如图1-37所示。

(4) 在【窗口】命令列表中，单击【导航器】命令颜色栏选项，在下拉列表中选择【黄色】选项，如图1-38所示。

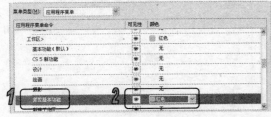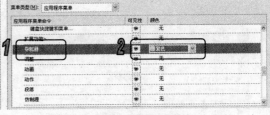

图1-37 设置颜色　　　　　　　　　　　图1-38 设置颜色

(5) 选择【窗口】|【导航器】命令，打开【导航器】面板，如图1-39所示。

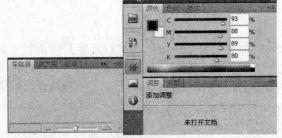

图1-39 打开【导航器】面板

(6) 在【导航器】面板标签上单击并按住鼠标拖动，将【导航器】面板组拖动至【颜色】面板组上方，然后释放鼠标，将【导航器】面板合并到面板组中，如图1-40所示。

图1-40 合并面板组

(7) 选择【窗口】|【工作区】|【新建工作区】命令，打开【新建工作区】对话框。在对话框的【名称】文本框中输入【图像编辑】，选中【菜单】复选框，然后单击【存储】按钮存储工作区，如图 1-41 所示。

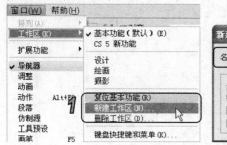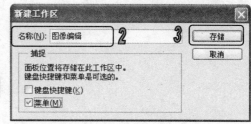

图 1-41 存储工作区

(8) 选择【窗口】|【工作区】|【绘画】命令，应用【绘画】预设工作区，如图 1-42 所示。

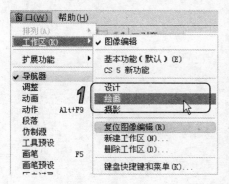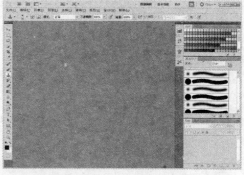

图 1-42 应用工作区

1.8 习题

1. 在默认工作区中，关闭【样式】面板，并将【导航器】面板合并到常用面板组中，然后存储工作区。

2. 根据个人操作习惯自定义工作区，然后使用【窗口】|【工作区】命令子菜单复位默认工作区。

图像文件基本操作

主要内容　　使用 Photoshop CS5 应用程序编辑处理图像文件之前，必须先掌握图像文件的基本操作。本章主要介绍 Photoshop CS5 应用程序中常用的文件操作命令、图像文件的显示、浏览和尺寸的调整，使用户能够更好、更有效地绘制和处理图像文件。

本章重点
- ➤ 新建图像文件
- ➤ 保存图像文件
- ➤ 置入图像文件
- ➤ 图像的显示
- ➤ 标尺、参考线和网格的设置
- ➤ 图像和画布尺寸的调整

2.1　新建图像文件

启动 Photoshop CS5 应用程序后，用户在工作区中不能进行任何编辑操作。因为 Photoshop 的所有编辑操作都是在文档窗口中完成的，所以进行编辑操作的第一步就是新建图像文件。

选择【文件】|【新建】命令，或按 Ctrl+N 键，打开【新建】对话框。在对话框中设置文件的名称、尺寸、分辨率、颜色模式和背景内容等选项，单击【确定】按钮，即可创建一个空白图像。

【例 2-1】新建图像文件。

(1) 启动 Photoshop CS5 应用程序，选择【文件】|【新建】命令，打开【新建】对话框，如图 2-1 所示。

(2) 在对话框的【名称】文本框中，输入文件的名称【新图像】，如图 2-2 所示。

图 2-1　打开【新建】对话框

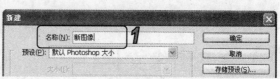

图 2-2　输入名称

(3) 在【宽度】数值框右侧的选项下拉列表中选择【毫米】选项，在【宽度】数值框中输入数值 185，【高度】数值框中输入 260，如图 2-3 所示。

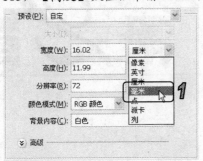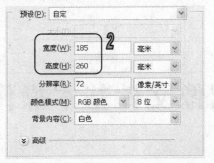

图 2-3　设置尺寸

(4) 在【分辨率】数值框中输入 300，在【颜色模式】下拉列表中选择【CMYK 颜色】选项，如图 2-4 所示。

(5) 单击【新建】对话框中的【存储预设】按钮，打开【新建文档预设】对话框，在【预设名称】文本框中输入预设名称，单击【确定】按钮新建预设，如图 2-5 所示。

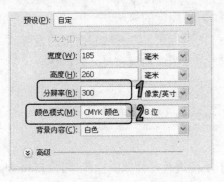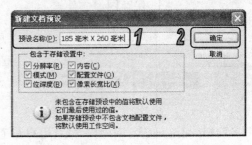

图 2-4　设置分辨率和颜色模式　　　　　　　　　图 2-5　存储预设

(6) 设置完成后，在【新建】对话框中单击【确定】按钮，新建文件。再次选择【文件】|【新建】命令，打开【新建】对话框，在【预设】下拉列表中选择刚存储的预设。单击【删除预设】按钮，在弹出的【新建】提示对话框中单击【是】按钮，删除预设。如图 2-6 所示。

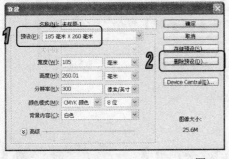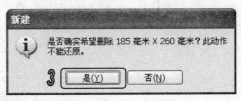

图 2-6　删除预设

2.2　打开图像文件

如果要在 Photoshop CS5 中打开已有的图像文件，可以选择选择菜单栏中的【文件】|【打

开】命令，或按快捷键 Ctrl+O，也可以双击工作区中的空白区域，打开【打开】对话框选择需要打开的图像文件，如图 2-7 所示。

通常情况下，图像文件以原有格式打开图像文件。如果要以指定的图像文件格式打开图像文件，可以选择【文件】|【打开为】命令，打开【打开为】对话框。在该对话框的文件列表框中选择要打开的图像文件，然后在【打开为】下拉列表框中设定要转换的图像文件格式，单击【打开】按钮，即可按选择的图像文件格式打开图像文件。

除了上述方法外，用户还可以选择【文件】|【最近打开的文件】命令，打开其子菜单，从中可以选择最近打开过的图像文件，如图 2-8 所示。选择【清除最近】命令可以清除最近打开的文件名称列表。

图 2-7　【打开】对话框

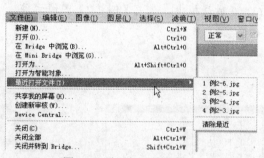

图 2-8　最近打开的文件

【例 2-2】打开图像文件。

(1) 选择【文件】|【打开】命令，打开【打开】对话框。在对话框中，选中 02 文件夹，单击【打开】按钮，打开文件夹，如图 2-9 所示。

图 2-9　打开文件夹

(2) 在对话框的【文件类型】下拉列表中，选择 Photoshop(*.PSD;*.PDD)文件格式，显示 PSD 格式文件，如图 2-10 所示。

图 2-10　选择文件格式

(3) 在对话框中，选中【例 2-2】图像文件，然后单击【打开】按钮，打开选中的图像文件，如图 2-11 所示。

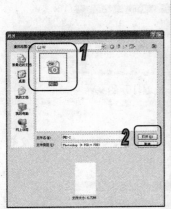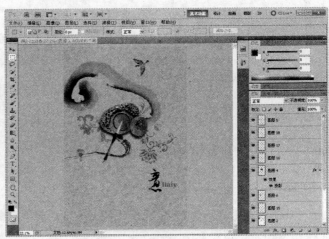

图 2-11　打开图像文件

技巧

用户可以在【打开】对话框的文件列表框中按住 Shift 键选择连续排列的多个图像文件，或是按住 Ctrl 键选择不连续排列的多个图像文件，然后单击【打开】按钮在文档窗口中打开。

2.3　保存图像文件

新建或打开图像文件，完成对图像编辑后，或在其编辑过程中随时对编辑的图像文件进行存储可以避免因意外情况造成不必要的损失。

对于第一次存储的图像文件可以选择【文件】|【存储】命令，在打开的【存储为】对话框中指定保存位置、保存文件名和文件类型。如图 2-12 所示。

新世纪高职高专规划教材

如果要对编辑后的图像文件以其他文件格式或文件路径进行存储，选择【文件】|【存储为】命令，打开【存储为】对话框进行设置，在【格式】下拉列表框中选择另存图像文件的文件格式，然后单击【保存】按钮即可。

图 2-12　【存储为】对话框

在【存储为】对话框中还可以设置各种文件存储选项。

➤ 【作为副本】选项：用于存储文件副本，同时使当前文件在桌面上保持打开。

➤ 【Alpha 通道】选项：将 Alpha 通道信息与图像一起存储。禁用该选项可将 Alpha 通道从存储的图像中删除。

➤ 【图层】选项：保留图像中的所有图层。如果此选项被停用或者不可用，则会拼合或合并所有可见图层，具体取决于所选格式。

➤ 【批注】选项：用于存储图像的注释。

➤ 【专色】选项：将专色通道信息与图像一起存储。如果禁用该选项，则会从存储的图像中移去专色。

➤ 【使用校样设置】选项可以将文件的颜色转换为校色彩描述的文件空间，对于创建用于打印的输出文件有用。此选项在将文件保存格式设置为 EPS、PDF、DCS1.0 和 DCS2.0 格式时，为可选状态。

➤ 【ICC 配置文件】选项可以保存嵌入文件的 ICC 配置文件。

➤ 【缩览图】选项可存储图像文件创建的缩览图数据，以后再打开此文件时，可在对话框中预览图像。

➤ 【使用小写扩展名】选项可将文件的扩展名设置为小写。

2.4　关闭图像文件

同时打开几个图像文件窗口会占用一定的屏幕空间和系统资源。因此，可以在文件使用完毕后，关闭不需要的图像文件窗口。选择【文件】|【关闭】命令，可以关闭当前图像文件窗口；或单击需要关闭图像文件窗口选项卡上的【关闭】按钮；或按 Ctrl+W 快捷键关闭当前图像文件窗口。按 Alt+Ctrl+W 组合键将关闭全部图像文件窗口。

2.5 置入图像文件

利用 Photoshop CS5 的导入功能可以实现与其他图像编辑软件之间的数据交互。Photoshop CS5 中，可以通过【文件】命令下的【置入】命令和【导入】命令来实现导入功能。用户可以根据实际需要选择它们进行相关的操作。

选择【文件】|【置入】命令，在打开的【置入】对话框中，用户可以选择 AI、EPS、PDF 或 PDP 文件格式的图像文件。然后单击【置入】按钮，即可将选择的图像文件导入至 Photoshop CS5 的当前图像文件窗口中。

【例 2-3】置入图像文件。

(1) 启动 Photoshop CS5 应用程序，选择【文件】|【打开】命令，选择打开一幅图像文件，如图 2-13 所示。

(2) 选择【文件】|【置入】命令，打开【置入】对话框。在对话框中，选择需要置入的图像文件，然后单击【置入】按钮，如图 2-14 所示。

图 2-13　打开图像

图 2-14　置入图像

> **提示**
> 用户也可以从文件夹中选中需要置入的图像文件，然后将其直接拖动至当前编辑处理的图像文件中，按 Enter 键置入图像。

(3) 将光标放置在定界框上，当光标变为双向箭头后，调整置入图像大小，并按 Enter 键置入图像，然后在【图层】面板中设置图层混合模式为【正片叠底】，如图 2-15 所示。

图 2-15　调整置入图像

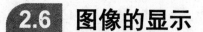 图像的显示

在图像编辑处理的过程中，经常需要对编辑的图像频繁地进行放大或缩小显示，以便于图像的编辑操作。在 Photoshop CS5 中调整图像画面的显示，可以使用【缩放】工具，【视图】菜单中的相关命令或【导航器】面板。

§ 2.6.1　【缩放】工具

使用【缩放】工具可放大或缩小图像。使用【缩放】工具时，每单击一次都会将图像放大或缩小到下一个预设百分比，并以单击的点为中心将显示区域居中。选择【工具】面板中的【缩放】工具，其工具选项栏，如图 2-16 所示。在工具选项栏中，可以通过相应的选项放大或缩小图像。

Q ▾ | Q Q | □调整窗口大小以满屏显示 □缩放所有窗口 □细微缩放 | 实际像素 | 适合屏幕 | 填充屏幕 | 打印尺寸 |

图 2-16　【缩放】工具选项栏

- ➤ 【放大】按钮：单击该按钮后，在图像中单击可以放大图像的显示比例。
- ➤ 【缩小】按钮：单击该按钮后，在图像中单击可以缩小图像的显示比例。
- ➤ 【调整窗口大小以满屏显示】复选框：在缩放窗口的同时自动调整窗口的大小。
- ➤ 【缩放所有窗口】复选框：可以同时缩放所有打开的图像的窗口。
- ➤ 【实际像素】：单击该按钮，图像以实际像素即以 100%的比例显示。也可以双击缩放工具来进行同样的调整。
- ➤ 【适合屏幕】：单击该按钮，可以在窗口中最大化显示完整的图像。也可以双击抓手工具来进行同样的调整。
- ➤ 【打印尺寸】：单击该按钮，可以按照实际的打印尺寸显示图像。

【例 2-4】缩放图像文件。

(1) 启动 Photoshop CS5 应用程序，选择【文件】|【打开】命令，选择打开一幅图像文件，如图 2-17 所示。

(2) 选择【缩放】工具后，在要放大的区域周围拖拽虚线矩形选框。按住空格键，可以在图片上移动选框，直到选框到达所需的位置。释放鼠标即可放大图像，如图 2-18 所示。

图 2-17　打开图像　　　　　　图 2-18　放大图像

(3) 按住 Alt 键，当光标变为缩小工具状态时，在图像中单击，可以缩小画面区域，如图 2-19 所示。

图 2-19　缩小图像

§ 2.6.2　【缩放】命令

对于图像画面的视图显示比例操作，用户也可以通过选择【视图】菜单中相关命令实现。在【视图】菜单中，可以选择【放大】、【缩小】、【按屏幕大小缩放】、【实际像素】和【打印尺寸】命令。

> 【放大】命令：可以放大文档窗口的显示比例。
> 【缩小】命令：可以缩小文档窗口的显示比例。
> 【按屏幕大小缩放】命令：可以自动调整图像的比例，使之能够完整地在窗口中显示。
> 【实际像素】命令：图像将按照实际的像素，并以 100%的比例显示。
> 【打印尺寸】：图像将按照实际的打印尺寸显示。

技巧

用户还可以使用快捷键调整图像画面的显示区域，按 Ctrl++键可以放大显示图像画面；按 Ctrl+-键可以缩小显示图像画面；按 Ctrl+0 键按屏幕大小显示图像画面。

§ 2.6.3　使用【导航器】面板

【导航器】面板不仅可以方便地对图像文件在窗口中的显示比例进行调整，而且还可以对图像文件的显示区域进行移动选择。选择【窗口】|【导航器】命令，可以在工作界面中显示【导航器】面板。

【例 2-5】缩放图像文件。

(1) 在 Photoshop CS5 应用程序中，选择【文件】|【打开】命令，选择打开一幅图像文件。选择【窗口】|【导航器】命令，打开【导航器】面板。如图 2-20 所示。

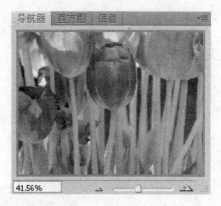

图 2-20　打开图像文件并打开【导航器】面板

(2) 在【导航器】面板的缩放数值框中显示了窗口的显示比例，在数值框中输入数值可以改变显示比例。如图 2-21 所示。

(3) 在【导航器】面板中单击【放大】按钮，放大窗口的显示比例。用户也可以使用缩放比例滑块，调整图像文件窗口的显示比例。向左移动缩放比例滑块，可以缩小画面的显示比例；向右移动缩放比例滑块，可以放大画面的显示比例。在调整画面显示比例的同时，面板中的红色矩形框大小也会进行相应的缩放。如图 2-22 所示。

图 2-21　更改显示比例

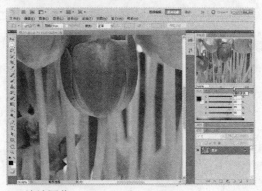

图 2-22　缩放图像

(4) 当窗口中不能显示完整的图像时，将光标移至【导航器】面板的代理预览区域，光标会变为状。单击并拖动鼠标可以移动画面，代理预览区域内的图像会显示在文档窗口的

新世纪高职高专规划教材

中心，如图 2-23 所示。

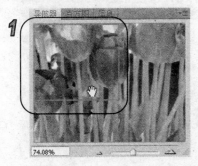 

图 2-23　移动显示区域

2.7　标尺、参考线和网格的设置

辅助工具的主要作用是辅助图像编辑处理操作。利用辅助工具可以提高操作的精确程度，提高工作效率。在 Photoshop CS5 中可以利用标尺、参考线和网格等工具来完成辅助操作。

§ 2.7.1　标尺的设置

标尺可以帮助用户准确地定位图像或元素的位置。选择【视图】|【标尺】命令或按快捷键 Ctrl+R，可以在图像文件窗口的顶部和左侧分别显示水平和垂直标尺。

除了上面介绍的使用命令和快捷键显示标尺的方法外，还可以单击应用程序栏中的【查看额外内容】按钮 。在弹出的下拉菜单中选择【显示标尺】命令，在文档窗口中显示标尺。

【例 2-6】在 Photoshop CS5 应用程序中，使用并设置标尺。

(1) 在 Photoshop CS5 应用程序中，选择【文件】|【打开】命令，打开一幅图像文件。

(2) 选择【视图】|【标尺】命令，或按下 Ctrl+R 快捷键，可以显示标尺。此时，移动光标，标尺内的标记会显示光标的精确位置。如图 2-24 所示。

图 2-24　显示标尺

> **技巧**
>
> 定位原点的过程中，按住 Shift 键可以使标尺的原点与标尺的刻度记号对齐。

新世纪高职高专规划教材

(3) 默认情况下，标尺的原点位于窗口的左上角。修改原点的位置，可从图像上的特定位置开始测量。将光标置于原点上，单击并按下鼠标向右下方拖动，画面中会显示十字线，将它拖动到需要的位置，然后释放鼠标，定义原点新位置。如图 2-25 所示。

(4) 将光标放在原点默认的位置上，双击即可将原点恢复到默认位置。双击标尺，打开【首选项】对话框，在对话框中修改标尺的测量单位。在【标尺】下拉列表中选择【毫米】选项，然后单击【确定】按钮应用设置，如图 2-26 所示。

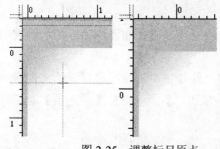

图 2-25　调整标尺原点　　　　图 2-26　设置标尺单位

§ 2.7.2　参考线的设置

参考线是显示在图像文件上方的一些不会被打印出来的线条，可以帮助用户定位图像。可以对参考线进行移动、删除和锁定。在 Photoshop 中可以通过以下两种方法来创建参考线。

➤ 按 Ctrl+R 快捷键，在图像文件中显示标尺。然后将光标放置在标尺上，按下鼠标不放并向画面中拖动，即可拖出参考线。 如果要使参考线与标尺上的刻度对齐，可以在拖动时按住 Shift 键。如图 2-27 所示。

➤ 选择【视图】|【新建参考线】命令，打开【新建参考线】对话框，在【取向】选项中选择参考线的方向，然后在【位置】文本框中输入数值，此值代表了参考线在画面中的位置。单击【确定】按钮，可以按照设置的位置创建水平或垂直的参考线，如图 2-28 所示。

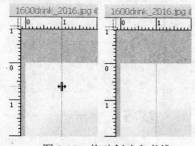
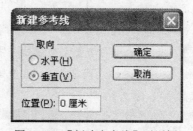

图 2-27　拖动创建参考线　　　图 2-28　【新建参考线】对话框

创建参考线后，将鼠标移动到参考线上，当鼠标显示为 ✛ 图标时，单击并拖动鼠标，可以改变参考线的位置。选择【视图】|【显示】|【参考线命令】，或按 Ctrl+; 快捷键，可以将当前参考线隐藏。

技巧

选择【视图】|【显示】|【智能参考线】命令，可以启用智能参考线。它是一种智能化的参考线，仅在需要时出现，在进行移动操作时可以使用智能参考线。

§ 2.7.3 网格线的设置

默认情况下，网格显示为不可打印的线条或网点。网格对于对称布置图像、图形的绘制十分重要。

选择【视图】|【显示】|【网格】命令，或按 Ctrl+' 快捷键可以在当前打开的文件窗口中显示网格。用户可以通过【首选项】|【参考线、网格和切片】命令打开【首选项】对话框调整网格设置。

【例 2-7】在 Photoshop CS5 应用程序中使用并设置网格。

(1) 在 Photoshop CS5 应用程序中，选择【文件】|【打开】命令选择打开一幅图像文件。选择【视图】|【显示】|【网格】命令显示网格，如图 2-29 所示。

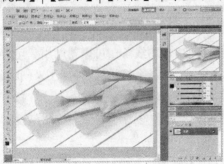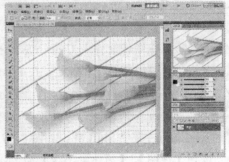

图 2-29　显示网格

 提示

显示网格后，选择【视图】|【对齐到】|【网格】命令，在进行创建图形、移动图像或者在创建选区等操作时，对象会自动贴近网格。

(2) 选择【编辑】|【首选项】|【参考线、网格和切片】命令，打开【首选项】对话框。在【首选项】对话框的【网格】选项区域中打开【颜色】下拉列表，在弹出的菜单中选择【浅红色】选项。设置【网格线间隔】为 50 毫米，【子网格】为 5，单击【确定】按钮，应用网格首选项设置，如图 2-30 所示。

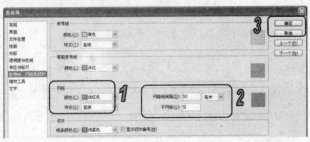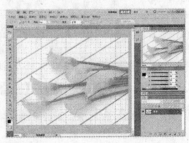

图 2-30　设置网格

2.8 图像和画布尺寸的调整

图像文件的大小、画布尺寸和分辨率是一组相互关联的图像属性。在图像编辑处理的过程中，会经常需要对其进行设置和调整。

§ 2.8.1 图像大小的调整

图像大小和分辨率有着密切的关系。同样大小的图像文件，分辨率越高，图像文件越清晰。如果要修改现有图像文件的像素大小，分辨率和打印尺寸，可以选择【图像】|【图像大小】命令，在打开的【图像大小】对话框中进行调整。

【例 2-8】在 Photoshop CS5 应用程序中，调整图像文件的大小。

(1) 在 Photoshop CS5 应用程序中，选择【文件】|【打开】命令选择打开一幅图像文件。选择【图像】|【图像大小】命令，打开【图像大小】对话框，如图 2-31 所示。

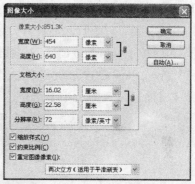

图 2-31 【图像大小】对话框

(2) 修改图像的像素大小，在【像素大小】选项组中输入【宽度】和【高度】的像素值，此时图像的新文件的大小会显示在【图像大小】对话框顶部，旧文件大小在括号内显示，如图 2-32 所示。

 提示

　　修改图像的像素大小不仅会影响图像在屏幕上的大小，还会影响图像的质量以及其打印特性(图像的打印尺寸或分辨率)。

(3) 在【文档大小】选项中可以输入图像的打印尺寸和分辨率。设置【分辨率】数值为 100 像素/英寸，然后单击【确定】按钮，应用修改，如图 2-33 所示。

 提示

　　如果只修改打印尺寸或分辨率并按比例调整图像中的像素总数，可以选中【重定图像像素】复选框；如果要修改打印尺寸和分辨率而又不更改图像中的像素总数，可取消选中【重定图像像素】复选框。

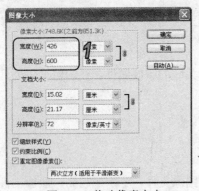

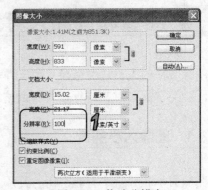

图 2-32　修改像素大小　　　　　　　　　　图 2-33　修改分辨率

§ 2.8.2　画布尺寸的调整

画布是指整个文档的工作区域。在处理图像时，可以根据需要来增加或减少画布。选择【图像】|【画布大小】命令可以修改画布的大小。当增加画布大小时，可在图像周围添加空白区域；当减小画布大小时，则裁剪图像。

【例 2-9】在 Photoshop CS5 应用程序中，调整画布尺寸。

(1) 在 Photoshop CS5 应用程序中，选择【文件】|【打开】命令，选择打开一幅图像文件。选择【图像】|【画布大小】命令，打开【画布尺寸】对话框，如图 2-34 所示。

图 2-34　打开【画布尺寸】对话框

(2) 【当前大小】区域中显示了图像宽度和高度的实际尺寸和文档的实际大小。在对话框中，选中【相对】复选框，【宽度】和【高度】选项中的数值将代表实际增加或减少的区域的大小，而不再代表整个文档的大小，此时输入正值表示增加画布，输入负值则表示减小画布。在【新建大小】区域中，设置【宽度】和【高度】均为 1 厘米，如图 2-35 所示。

图 2-35　设置尺寸

图 2-36　设置画布颜色

(3) 单击【画布扩展颜色】下拉菜单，选择【黑色】，然后单击【确定】按钮，应用调整，如图 2-36 所示。如果图像的背景是透明的，则【画布扩展颜色】选项不可用。

> **提示**
>
> 如果减小画布大小时，弹出提示对话框，提示用户若要减小画布将对原图像进行裁切，则单击【继续】按钮在改变画布大小的同时将剪切部分图像。

2.9　用 Adobe Bridge 管理文件

Adobe Bridge 是随 Photoshop CS5 自动安装的图像浏览软件，它可以独立使用，也可以在 Adobe Photoshop 中使用。选择【文件】|【在 Bridge 中浏览】命令，或按下标题栏中的 ![按钮] 按钮，可以打开 Bridge。

§ 2.9.1　在 Bridge 中浏览图像

运行 Bridge 时，默认情况下显示的是【必要项】选项下的界面内容，用户可以单击【胶片】、【元数据】、【输出】、【关键字】、【预览】、【看片台】和【文件】等选项切换界面内容，如图 2-37 所示。

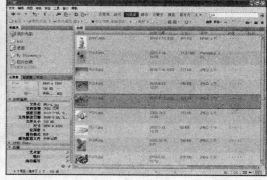
图 2-37　切换界面

按下 Ctrl+B 快捷键，可以切换至审阅模式，如图 2-38 所示。在该模式下，单击图像缩

新世纪高职高专规划教材

览图，可以查看选择的图像。再单击图像，则会弹出一个窗口，显示局部图像。拖动该窗口可以移动观察图像，单击窗口右下角的×按钮可以关闭窗口。按下 Esc 键或单击审阅模式右下角的×按钮则可以退出审阅模式。

技巧

> 按 Ctrl+L 组合键，或选择【视图】|【幻灯片放映】命令，可以通过幻灯片放映的形式播放所选中的图像文件。

图 2-38　审阅模式

§ 2.9.2　使用 Bridge 管理文件

通过 Adobe Bridge，用户可以很方便地快速组织、浏览和管理所需文件，提高在 Photoshop 中搜寻、打开图像文件的效率。

1. 使用 Bridge 打开文件

使用 Bridge 打开文件时，文件将在其原始应用程序或指定的应用程序中打开。双击图像文件，其将在原始的应用程序中打开。如果要使用指定的应用程序打开，选中图像后，在【文件】|【打开方式】命令子菜单中选择应用程序即可，如图 2-39 所示。

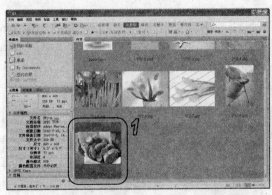

图 2-39　选择打开程序

2. 对文件进行排序

在【视图】|【排序】命令子菜单中选择一个命令，可以按照选中的规则对所选文件进行排序，如图 2-40 所示。选择【手动】命令，可以按上次拖移文件的顺序进行排序。

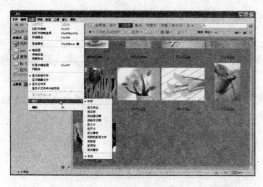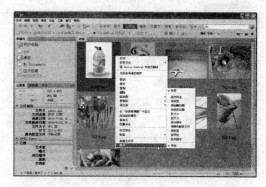

图 2-40　选择排序

3. 对文件进行标记和评级

在 Bridge 中可以对文件进行标记和评级，通过使用特定颜色标记文件或指定零到五星级的评级，可以快速将文件分类，也可以按文件的颜色标签或评级对文件进行排序。在选中图像文件后，单击图像底部即可为图像设置评级，如图 2-41 所示。

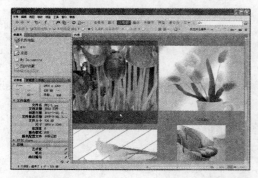

图 2-41　设置评级

选中图像文件后右击，在弹出的菜单中选择【标签】命令，在其子菜单中可以设置图像标签，如图 2-42 所示。

图 2-42　添加标签

用户也可以通过菜单栏中的【标签】命令菜单设置评级和标签，同时也可以利用命令后的快捷键快速设置评级和标签。

新世纪高职高专规划教材

2.10 上机实战

本章的上机实战主要练习打开、设置和保存图像文件的操作方法，使用户熟练掌握图像文件的基本操作技巧。

(1) 在 Photoshop CS5 应用程序中，选择【文件】|【打开】命令，打开【打开】对话框，如图 2-43 所示。

(2) 在【打开】对话框中，选中图像文件，然后单击【打开】按钮，打开图像文件，如图 2-44 所示。

图 2-43　【打开】对话框　　　　　　图 2-44　选中图像文件

(3) 选择【图像】|【画布大小】命令，打开【画布大小】对话框，如图 2-45 所示。

图 2-45　打开【画布大小】对话框

(4) 在对话框中，选择【相对】选项，设置【宽度】为 2 厘米，在【定位】选项中，单击左侧中间的按钮，如图 2-46 所示。

图 2-46　设置尺寸　　　　　　图 2-47　设置画布颜色

(5) 单击【画布扩展颜色】下拉列表，选择【白色】，然后单击【确定】按钮，应用调整，如图 2-47 所示。

(6) 选择【文件】|【置入】命令，打开【置入】对话框。在对话框中，选择需要置入的图像文件，然后单击【置入】按钮，如图 2-48 所示。

(7) 将光标放置在定界框上，当光标变为双向箭头后，调整置入图像的大小，并按 Enter 键置入图像，然后在【图层】面板中设置图层混合模式为【正片叠底】，如图 2-49 所示。

图 2-48 置入图像

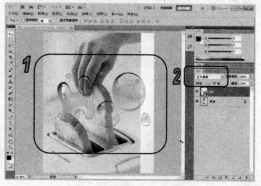

图 2-49 调整置入图像

(8) 选择【文件】|【存储为】命令，打开【存储为】对话框，在【格式】下拉列表中选择 TIFF 格式，然后单击【保存】按钮，在打开的【TIFF 选项】对话框中单击【确定】按钮，存储文件，如图 2-50 所示。

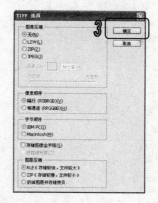

图 2-50 存储文件

2.11 习题

1. 打开素材文件夹中的任意图像文件，并使用【缩放】工具放大、缩小图像。
2. 分别使用【图像大小】和【画布大小】命令改变图像文件的大小。

第 3 章

创建和编辑选区

主要内容　　在图像编辑处理过程中，经常需要通过选区来确定编辑范围。本章主要介绍创建选区工具和命令的应用，以及选区的修改、变换、存储与载入等编辑操作方法。掌握选区的作用与应用方法，用户可以更好地进行编辑图像的操作。

本章重点
- ➤ 选择工具的使用
- ➤ 【色彩范围】命令
- ➤ 选区的运算
- ➤ 选区的编辑操作
- ➤ 调整边缘
- ➤ 存储选区

3.1　选择工具的使用

选区在 Photoshop 的图像文件的编辑处理过程中起着非常重要的作用。选区显示时，表现为由浮动虚线组成的封闭区域。当图像文件窗口中存在选区时，用户进行的编辑或绘制操作都将只影响选区内的图像，而对选区外的图像无任何影响。如图 3-1 所示。

图 3-1　选区

在 Photoshop 中，创建选区是最常用、最基本的操作。Photoshop CS5 中提供了多种创建选区的方法，用户可以根据需要在图像文件中创建规则或不规则选区。

§ 3.1.1　选框工具

在 Photoshop CS5 的工具箱中，提供了一组选框工具，包括【矩形选框】工具、【椭圆选框】工具、【单行选框】工具和【单列选框】工具。使用这些选框工具可以创建出具有规则形状的选取范围，如矩形、椭圆形等。

> ➢ 【矩形选框】工具：用于创建矩形或正方形形状的选区范围。在【矩形选框】工具的选项栏中，【羽化】数值用于设置柔化选区范围；【样式】下拉列表用于设置选区范围宽高的比例或像素值，有【正常】、【固定比例】和【固定大小】3 种方式。
> ➢ 【椭圆选框】工具：用于创建椭圆形或圆形形状的选区范围。选择【椭圆选框】工具后，其选项栏与【矩形选框】工具选项栏相似，并可以设置是否选中【消除锯齿】复选框。
> ➢ 【单行选框】工具：用于创建宽度为 1 个像素的横向选区范围。
> ➢ 【单列选框】工具：用于创建宽度为 1 个像素的纵向选区范围。

技巧

　　【矩形选框】和【椭圆选框】工具操作方法相同，在操作过程中，按住 Shift 键，可以创建正方形或圆形形状的选区范围；按住 Alt 键，可以以起点为中心创建选区范围；按住 Shift+Alt 键，可以创建以起始点为中心点的正方形或圆形形状的选区范围。

§ 3.1.2　套索工具

在实际操作过程中，可以使用【工具】面板中的套索类工具，其中包括【套索】工具、【多边形套索】工具和【磁性套索】工具创建不规则选区。

> ➢ 【套索】工具：以拖动光标的手绘方式创建选区范围，实际上就是根据光标的移动轨迹创建选区范围。该工具特别适用于对选取要求精度不高的小区域添加或减少选区的操作。
> ➢ 【多边形套索】工具：通过绘制多个直线段并连接，最终闭合线段区域后创建出选区范围。该工具适用于对精度有一定要求的操作。
> ➢ 【磁性套索】工具：通过画面中颜色的对比，自动识别对象的边缘，绘制出由连接点形成的连接线段，最终闭合线段区域后创建出选区范围。该工具特别适用于创建与背景对比强烈且边缘复杂的对象选区范围。

提示

　　在使用套索类工具创建选区过程中，按 Esc 键，可以取消当前绘制的选区范围；并且在使用【套索】工具创建选区的过程中，按住 Alt 键，可以切换为【多边形套索】工具。

【例 3-1】在 Photoshop CS5 应用程序中，使用【磁性套索】工具创建选区。

(1) 在 Photoshop CS5 应用程序中，选择【文件】|【打开】命令选择打开一幅图像文件。

(2) 选择工具箱中的【磁性套索】工具，在选项栏中，【宽度】用于指定检测宽度，设置【宽度】为 5px，在鼠标拖动过程中，可以在光标两侧指定范围内检测与背景反差最大的边缘。【对比度】指定套索工具对图像边缘的灵敏度，在【对比度】数值框中输入 5%，较高的数值将只检测与其周边对比鲜明的边缘，较低的数值将检测低对比度的边缘。【频率】指定套索工具以何种频度设置节点，在【频率】文本框中输入 60，较高的数值会更快地固定选区边框，如图 3-2 所示。

图 3-2　设置【磁性套索】

(3) 设置完成后，在图像文件中单击创建起始点，然后沿图像文件中花卉图像的边缘拖动鼠标，自动创建路径。当鼠标回到起始点位置时，套索工具旁出现一个小圆圈标志 🔘，此时，单击可以闭合路径创建选区，如图 3-3 所示。

图 3-3　创建选区

> **提示**
> 对于不同类型的图像而言，使用【磁性套索】工具设置选项栏中的各项参数也会有所不同。对于边缘对比度较高的图像中，可以使用更大的套索宽度和更高的边缘对比度跟踪对象的轮廓；而对于边缘柔和的图像，则应该尝试使用较小的宽度和较低的边缘对比度跟踪对象的轮廓。

§ 3.1.3　魔棒工具

Photoshop 提供了两种魔棒工具：【魔棒】工具 🪄 和【快速选择】工具 🖌️。它们可以快速选择色彩变化不大，且色调相近的区域。

➢ 【魔棒】工具可以根据颜色分布情况创建选区范围。只需要在所要操作的颜色上单击，Photoshop CS5 就会自动将图像中包含单位位置的颜色部分作为选区进行创建。

➢ 【快速选择】工具可以利用可调整的圆形画笔笔尖快速绘制选区。拖动时，选区会向外扩展并自动查找和跟随图像中定义的边缘。

技巧

【魔棒】工具的选项栏如图 3-4 所示。一般在【魔棒】工具的选项栏中，【容差】数值框用于设置颜色选择范围的误差值，容差值越大，所选择的颜色范围也就越大；【消除锯齿】复选框用于创建边缘较平滑的选区；【连续】复选框用于设置在选择颜色选区范围时，是否对整个图像中所有符合该单击颜色范围的颜色进行选择；选中【对所有图层取样】复选框可以对图像文件中所有图层的图像进行操作。

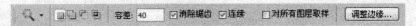

图 3-4　【魔棒】工具选项栏

【例 3-2】在 Photoshop CS5 应用程序中，使用【快速选择】工具创建选区。

(1) 在 Photoshop CS5 应用程序中，选择【文件】|【打开】命令选择打开一幅图像文件，如图 3-5 所示。

(2) 选择【快速选择】工具，单击选项栏中的【画笔】弹出式面板按钮，在打开的弹出式面板中设置【直径】为 50px，或直接拖动其滑块，可以更改【快速选择】工具的画笔笔尖大小。使用【大小】下拉菜单选项，可以使画笔笔尖大小随钢笔压力或光笔轮而变化，如图 3-6 所示。

图 3-5　打开图像

图 3-6　选择【快速选择】工具

提示

在创建选区时，如果需要调节画笔大小，按键盘上的右方括号键]可以增大快速选择工具的画笔笔尖；按左方括号键[可以减小快速选择工具画笔笔尖的大小。

(3) 使用【快速选择】工具，在图像文件的背景区域中拖动创建选区，如图 3-7 所示。

(4) 在【调整】面板中，单击【色阶】图标，然后设置色阶为 59、1.00、255，如图 3-8 所示。

图 3-7　创建选区　　　　　　　　　　　图 3-8　调整图像

3.2 【色彩范围】命令

　　【色彩范围】命令可以选择现有选区或整个图像内指定的颜色或色彩范围，它比【魔棒】工具更加精确。选择菜单栏中的【选择】|【色彩范围】命令，可以打开【色彩范围】对话框，如图 3-9 所示。

　　在【色彩范围】对话框的【选择】下拉列表框中，可以指定选中图像中的红、黄、绿等颜色范围，也可以根据图像颜色的亮度特性选择图像中的高亮部分，中间色调区域或较暗的颜色区域，如图 3-10 所示。选择该下拉列表框中的【取样颜色】选项，可以直接在对话框的预览区域中单击选择所需颜色，也可以在图像文件窗口中单击进行选择操作。在该对话框中，通过移动【颜色容差】选项的滑块或在其文本框中输入数值的方法，可以调整颜色容差的参数数值。

图 3-9　【色彩范围】对话框　　　　　　　图 3-10　【选择】下拉列表框

　　在【色彩范围】对话框中，选中【选择范围】或【图像】单选按钮，可以在预览区域预览选择的颜色区域范围，或者预览整个图像以进行选择操作，如图 3-11 所示。

　　通过选择【选区预览】下拉列表框中的相关预览方式，可以预览操作时图像文件窗口的选区效果，如图 3-12 所示。

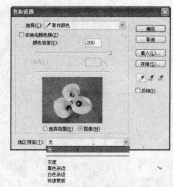

图 3-11　设置预览　　　　　　　　　　　图 3-12　预览方式

【例 3-3】在 Photoshop CS5 应用程序中，使用【色彩范围】命令创建选区并调整图像。

(1) 启动 Photoshop CS5 应用程序，选择【文件】|【打开】命令，打开一幅图像文件，如图 3-13 所示。

(2) 选择【选择】|【色彩范围】命令，设置【颜色容差】为 66，然后使用【吸管】工具在图像文件中单击，如图 3-14 所示。

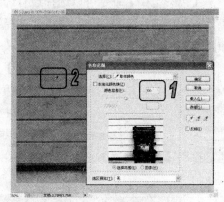

图 3-13　打开图像　　　　　　　　　　　图 3-14　创建选区

(3) 在对话框中单击【添加到取样】按钮，在图像区域中单击添加选区，然后单击【确定】按钮，关闭对话框，在图像文件中创建选区，如图 3-15 所示。

(4) 选择【图像】|【调整】|【色阶】命令，打开【色阶】对话框。在对话框中，设置输入色阶为 0、2.50、150，然后单击【确定】按钮，调整图像，如图 3-16 所示。

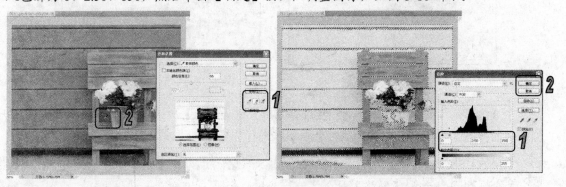

图 3-15　添加选区　　　　　　　　　　　图 3-16　调整图像

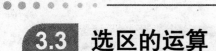

3.3　选区的运算

　　如果图像中包含选区，用户使用选框工具、套索工具或魔棒工具继续创建新选区时，可以在工具选项栏中设置选区的运算方式，使新选区与原有选区之间进行运算，从而得到需要的选区形状。

> 　　【新选区】按钮 ：按下该按钮，可以在图像上创建一个新选区。如果图像文件窗口中已有选区，则新建的选区会替换原有选区。

> 　　【添加到选区】按钮 ：按下该按钮，可以在原有选区的基础上添加新选区，如图3-17 所示。

图 3-17　添加到选区

> 　　【从选区减去】按钮 ：按下该按钮，在原有的选区中减去新创建的选区，如图 3-18 所示。

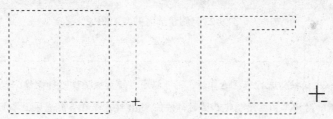

图 3-18　从选区减去

> 　　【与选区交叉】按钮 ：按下该按钮，新建选区只保留原有选区与当前创建的选区相交的部分，如图 3-19 所示。

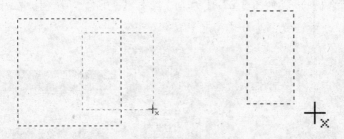

图 3-19　与选区交叉

　　【例 3-4】在 Photoshop CS5 应用程序中，运用选区运算调整图像。

　　(1) 启动 Photoshop CS5 应用程序，选择【文件】|【打开】命令，打开一幅图像文件。选择【视图】|【显示】|【网格】命令，显示网格，如图 3-20 所示。

新世纪高职高专规划教材

图 3-20　打开图像

(2) 在工具箱中选择【矩形选框】工具，在工具选项栏中单击【添加到选区】按钮，按Ctrl+J 组合键，复制选区内图像，生成【图层 1】，如图 3-21 所示。

图 3-21　创建选区并复制图像

💬 提示

　除了通过选项栏中的按钮进行选区运算外，也可以通过键盘快捷键进行操作。如果当前图像中包含选区，使用选框、套索和魔棒工具继续创建选区时，按住 Shift 键可以在当前选区上添加选区；按住 Alt 键可以在当前选区中减去选区；按住 Shift+Alt 组合键可以得到与当前选区相交的选区。

(3) 在【图层】面板中，设置图层混合模式为【滤色】，然后再次选择【视图】|【显示】|【网格】命令，隐藏网格，如图 3-22 所示。

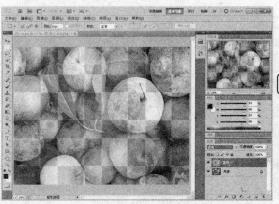
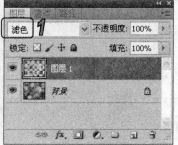

图 3-22　设置图像

新世纪高职高专规划教材

3.4　选区的编辑操作

创建选区后，有时需要对选区进行深入的编辑，才能使选区符合要求。【选择】菜单中包含了用于编辑选区的各种命令。

§ 3.4.1　选区的基本操作

在打开【选择】菜单后，最上端包括了 4 个常用的简单操作命令。

➤ 选择【选择】|【全部】命令，或按下 Ctrl+A 快捷键，可以选择当前文件中的全部图像内容。

➤ 选择【选择】|【反向】命令，或按下 Shift+Ctrl+I 快捷键，可以反转已创建的选区，即选择图像中未选中的部分。

➤ 选择【选择】|【取消选择】命令，或按下 Ctrl+D 快捷键，可以取消创建的选区。

➤ 选择【选择】|【重新选择】命令，可以恢复前一选区范围。

§ 3.4.2　调整边缘

使用【调整边缘】命令可以对现有的选区进行更为深入的修改，从而得到更加精确的选区。选择【选择】|【调整边缘】命令，即可打开【调整边缘】对话框，如图 3-23 所示。在选择了一种选区创建工具后，单击选项栏上的【调整边缘】按钮，如图 3-24 所示，也可以打开【调整边缘】对话框。

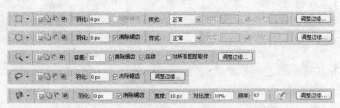

图 3-23　【调整边缘】对话框　　　　图 3-24　带有【调整边缘】按钮的工具选项栏

【调整边缘】对话框中各个选项作用如下：

➤ 【视图模式】：用户可以根据不同的需要从该下拉列表中选择最合适的预览方式。

➤ 【半径】：此参数可以微调选区与图像边缘之间的距离，数值越大，选区越精确地靠近图像边缘。

➤ 【平滑】：当创建的选区边缘非常生硬，甚至有明显的锯齿时，使用该选项进行柔化处理。

➤ 【羽化】：此参数与【羽化】命令的功能基本相同，用于柔化选区边缘。

➤ 【对比度】：设置此参数可以调整边缘的虚化程度，数值越大则边缘越锐利。通常可以创建比较精确的选区。

新世纪高职高专规划教材

➢ 【移动边缘】：该参数与收缩和扩展命令的功能基本相同，使用负值向内移动柔化边缘的边框，使用正值向外移动边框。

➢ 【输出到】：决定调整后的选区是变为当前图层上的选区或蒙版，还是生成一个新图层或文档。

【例 3-5】在 Photoshop CS5 应用程序中，创建选区并调整图像边缘。

(1) 在 Photoshop CS5 应用程序中，选择【文件】|【打开】命令选择打开一幅图像文件。选择【多边形套索】工具，创建选区，然后单击工具选项栏中的【调整边缘】按钮，打开【调整边缘】对话框，如图 3-25 所示。

图 3-25　打开【调整边缘】对话框

(2) 在对话框的【调整边缘】选项组中，设置【平滑】为 100，【羽化】为 5 像素，如图 3-26 所示。

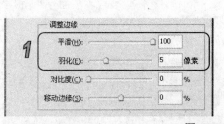

图 3-26　调整边缘

(3) 选中【调整半径】工具，在【边缘检测】选项组中设置【半径】为 25 像素，然后使用【调整半径】工具在图像中涂抹，如图 3-27 所示。

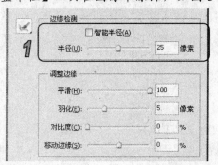

图 3-27　调整半径

新世纪高职高专规划教材

(4) 单击【确定】按钮，创建选区，并选择选择【选择】|【反向】命令，反转已创建的选区。选择【滤镜】|【艺术效果】|【彩色铅笔】命令，打开【彩色铅笔】对话框。在对话框中，设置【铅笔宽度】为 5，【描边压力】为 7，【纸张亮度】为 50，然后单击【确定】按钮，应用滤镜，并按 Ctrl+D 组合键取消选区，如图 3-28 所示。

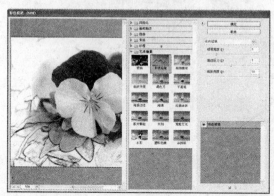

图 3-28　调整图像

§3.4.3　修改选区

创建选区后，用户还可以通过【选择】|【修改】命令子菜单中的相关命令修改选区范围。

1. 创建边界选区

【边界】命令可以将选区的边界向内部和外部扩展，扩展后的边界与原来的边界形成新的选区。选择【选择】|【修改】|【边界】命令，可以打开【边界选区】对话框。对话框中的【宽度】数值用于设置选区扩展的像素值，如图 3-29 所示。

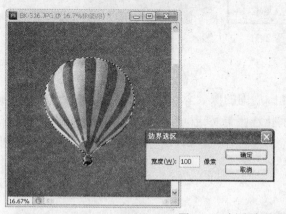

图 3-29　创建边界选区

2. 平滑选区

【平滑】命令用于平滑选区的边缘。选择【选择】|【修改】|【平滑】命令，打开【平滑选区】对话框。对话框中的【取样半径】数值用于设置选区的平滑范围，如图 3-30 所示。

新世纪高职高专规划教材

图 3-30 平滑选区

3. 扩展与收缩选区

【扩展】命令用于扩展选区范围。选择【选择】|【修改】|【扩展】命令，打开【扩展选区】对话框，设置【扩展量】数值可以扩展选区，如图 3-31 所示。与【扩展】命令相反，【收缩】命令用于收缩选区范围。选择【选择】|【修改】|【收缩】命令，打开【收缩选区】对话框，通过设置【收缩量】数值可以缩小选区。

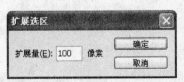

图 3-31 扩大选区

4. 羽化选区

【羽化】命令可以通过扩展选区轮廓周围的像素区域，达到柔和边缘的效果。选择【选择】|【修改】|【羽化】命令，打开【羽化选区】对话框。通过【羽化半径】数值可以控制羽化范围的大小。当对选区应用填充、裁剪等操作时，可以看出羽化效果，如图 3-32 所示。

图 3-32 羽化选区

5. 扩大选取与选取相似

【扩大选取】与【选取相似】命令都用于扩展现有选区。选择这两个命令时，Photoshop 会基于【魔棒】工具选项栏中的【容差】来决定选区的扩展范围，【容差】值越高，选区扩展的范围越大。

选择【选择】|【扩大选区】命令，Photoshop 会查找并选择与当前选区中的像素色调相近的周边像素，从而扩大选择区域。选择【选择】|【选取相似】命令，Photoshop 同样会查找并选择与当前选区中的像素色调相近的像素，从而扩大选择区域。但该命令可以查找整个文档，包括没有与原选区相邻的像素，如图 3-33 所示。

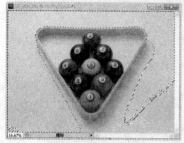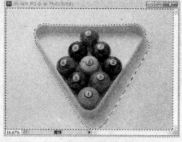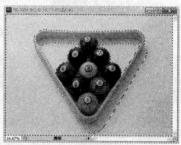

图 3-33 扩大选取和选取相似

§ 3.4.4 变换选区

创建选区后，选择【选择】|【变换选区】命令，或在选区内右击，在弹出的上下文菜单中选择【变换选区】命令，然后把光标移动到选区内，当光标变为 ▶ 形时，即可按住鼠标拖动选区。使用【变换选区】命令除了可以移动选区外，还可以改变选区的形状，如缩放、旋转以及扭曲等。在变换选区时，除了直接通过拖动定界框的手柄调整外，还可以配合 Shift、Alt 和 Ctrl 键的使用。

【例 3-6】在 Photoshop CS5 应用程序中，变换选区并调整图像。

(1) 启动 Photoshop CS5 应用程序，选择【文件】|【打开】命令，打开一幅图像文件。如图 3-34 所示。

(2) 在工具箱中选择【矩形选框】工具，在图像文件中创建选区，如图 3-35 所示。

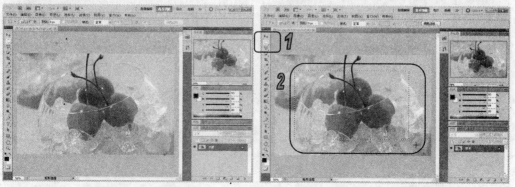

图 3-34 打开图像 图 3-35 创建选区

(3) 选择菜单栏中的【选择】|【变换选区】命令，然后单击选项栏中的【在自由变换和

变形模式之间切换】按钮 ，如图 3-36 所示。

(4) 设置完成后，单击选项栏中 按钮，应用选区变换。并选择【选择】|【修改】|【羽化】命令，打开【羽化选区】对话框。在【羽化半径】数值框中输入 50 像素，然后单击【确定】按钮，如图 3-37 所示。

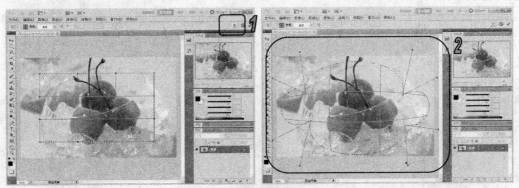

图 3-36　变换选区

图 3-37　羽化选区

(5) 选择【选择】|【反向】命令，反选选区。按 Ctrl+BackSpace 组合键使用背景色填充选区。然后 Ctrl+D 组合键取消选区，如图 3-38 所示。

图 3-38　调整图像

§ 3.4.5　存储选区

用户可以通过【存储选区】命令保存复杂的图像选区，以便编辑过程中再次使用。存储

选区时，Photoshop CS5 会创建一个 Alpha 通道并将选区保存在该通道内。用户可以选择【选择】|【存储选区】命令，也可以在选区上右击以打开快捷菜单，选择其中的【存储选区】命令，打开【存储选区】对话框。如图 3-39 所示。

图 3-39 【存储选区】对话框

> 【文档】下拉列表框：在该下拉列表框中，选择【新建】选项，可以创建新的图像文件，并将选区存储为 Alpha 通道，保存在该图像文件中；选择当前图像文件名称可以将选区保存在新建的 Alpha 通道中。如果在 Photoshop 中还打开了与当前图像文件具有相同分辨率和尺寸的图像文件，这些图像文件名称也将显示在【文档】下拉列表中，选择它们，就会将选区保存到这些图像文件中新创建的 Alpha 通道内。

> 【通道】下拉列表框：可以在该下拉列表中选择创建的 Alpha 通道，将选区添加到该通道中；也可以选择【新建】选项，创建一个新通道并为其命名，然后进行保存。

> 【操作】选项区域：用于选择通道处理方式。如果选择新创建的通道，那么将只能选中【新建通道】单选按钮；如果选择已经创建的 Alpha 通道，那么还可以选中【添加到通道】、【从通道中减去】和【与通道交叉】3 个单选按钮。

§ 3.4.6 载入选区

载入选区与存储选区的操作正好相反，通过【载入选区】命令，可以将保存在 Alpha 通道中的选区载入到图像文件窗口中。用户可以选择【选择】|【载入选区】命令，也可以在图像文件窗口中右击以打开快捷菜单，并且选择其中的【载入选区】命令，可以打开【载入选区】对话框。如图 3-40 所示。

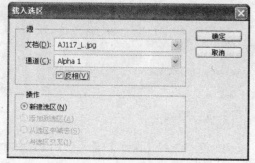

图 3-40 【载入选区】对话框

【载入选区】对话框与【存储选区】对话框中的参数选项基本相同，只是多了一个【反

新世纪高职高专规划教材

相】复选框。如果启用该复选框，那么会将保存在 Alpha 通道中的选区反选并载入图像文件窗口中。

3.5 上机实战

本章的上机实战主要练习使用创建选区工具创建选区、调整选区并调整图像效果，使用户掌握选区工具及选区命令的使用方法。

(1) 在 Photoshop CS5 应用程序中，选择【文件】|【打开】命令，选择打开一幅图像文件，如图 3-41 所示。

(2) 选择【工具】面板中的【椭圆选框】工具，在工具选项栏中单击【添加到选区】按钮，在图像文件中创建任意选区范围，如图 3-42 所示。

图 3-41　打开图像　　　　　　　　图 3-42　创建选区

(3) 在菜单栏中选择【选择】|【修改】|【羽化】命令，打开【羽化选区】对话框。在对话框中，设置【羽化半径】为 20 像素，然后单击【确定】按钮，如图 3-43 所示。

图 3-43　羽化选区

(4) 选择【选择】|【反向】命令，反向选区。选择【图像】|【调整】|【色相/饱和度】命令，打开【色相/饱和度】对话框。在对话框中，拖动【饱和度】滑块至-41，拖动【明度】滑块至45，然后单击【确定】按钮，应用图像调整，并按Ctrl+D组合键取消选区，如图 3-44 所示。

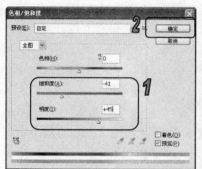

图 3-44　调整图像

3.6　习题

1. 打开任意图像文件，练习使用【套索】工具创建选区并调整图像效果。

2. 打开任意图像文件，使用【椭圆选框】工具创建选区，并结合【边界】命令创建边框效果。如图 3-45 所示。

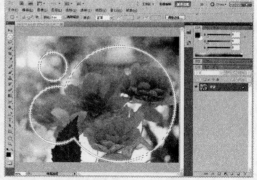

图 3-45　创建边框

新世纪高职高专规划教材

绘制图像

主要内容　　在 Photoshop 中，绘制图像主要通过绘图工具完成的，因此学习绘图工具，对掌握 Phhotoshop 非常重要。本章主要介绍 Photoshop CS5 中绘图工具的设置和使用，以及填充、描边绘制对象的方法。

本章重点
- ➤ 设置颜色
- ➤ 绘图工具的使用
- ➤ 创建自定义画笔

- ➤ 特殊画笔工具
- ➤ 填充与描边
- ➤ 渐变工具

4.1 设置颜色

在绘制或编辑图像文件时，首先要进行颜色的设定。Photoshop 提供了各种选取和设置颜色的方法。用户可以根据需要来选择最适合的方法。

§ 4.1.1 前景色与背景色

前景色决定了使用绘画工具绘制图形，以及使用文字工具创建文字时的颜色；背景色决定了使用橡皮擦工具擦除图像时，擦除区域呈现的颜色，以及增加画布大小时，新增画布的颜色。

在【工具】面板的区域中，用户可以很方便地查看到当前使用的前景色和背景色，如图 4-1 所示。系统默认状态前景色为黑色，背景色为白色。在 Photoshop 中，用户可以通过多种工具设置前景色和背景色的颜色，如【拾色器】对话框、【颜色】面板、【色板】面板和【吸管】工具等。

图 4-1　前景色和背景色

§ 4.1.2　用【拾色器】设置颜色

在 Photoshop 中，单击【工具】面板下方的【设置前景色】或【设置背景色】图标均可打开【拾色器】对话框。在【拾色器】对话框中可以基于 HSB、RGB、Lab 和 CMYK 等颜色模型指定颜色，如图 4-2 所示。

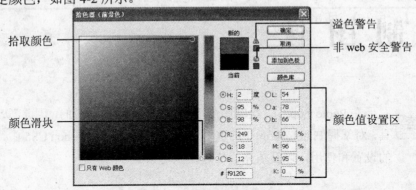

图 4-2　【拾色器】对话框

在【拾色器】对话框中左侧的主颜色框中单击可选取颜色，该颜色会显示在右侧上方颜色方框内，同时右侧文本框的数值会随之改变。用户也可以在右侧的颜色文本框中输入数值，或拖动主颜色框右侧颜色滑竿的滑块来改变主颜色框中的主色调。

➢ 颜色滑块/色域/拾取颜色：拖动颜色滑块，或者在竖直的渐变颜色条上单击可选取颜色范围。设置颜色范围后，在色域中单击，或拖动鼠标，可以在选定的颜色范围内设置当前颜色并调整颜色的深浅。

➢ 颜色值：【拾色器】对话框中的色域可以显示 HSB、RGB 和 Lab 颜色模式中的颜色分量。如确定所需颜色的数值，则可以在相应的数值框中输入数值，精确地定义颜色。

➢ 新的/当前：颜色滑块右侧的颜色框中有两个色块，上部的色块为【新的】，显示为当前选择的颜色；下部的色块为【当前】，显示的是原始颜色。

➢ 溢色警告：对于 CMYK 设置而言，在 RGB 模式中显示的颜色可能会超出色域范围，而无法打印。如果当前选择的颜色不能打印，则会显示溢色警告。Photoshop 在警告标志下的颜色块中显示了与当前选择的颜色最为接近的 CMYK 颜色，单击警告标志或颜色块，可以将颜色块中的颜色设置为当前颜色。

➢ 非 Web 安全色警告：Web 安全颜色是浏览器使用的 216 种颜色，如果当前选择的颜色不能在 Web 页上准确地显示，则会出现非 Web 安全色警告。Photoshop 在警告标志下的颜色块中显示了与当前选择的颜色最为接近的 Web 安全色，单击警告标志或颜色块，可将颜色块中的颜色设置为当前颜色。

➢ 【只有 Web 颜色】：选择此选项，色域中只显示 Web 安全色，此时选择的任何颜色都是 Web 安全色。

➢ 【添加到色板】：单击此按钮，可以将当前设置的颜色添加到【色板】调板中，使之成为调板中预设的颜色。

➢ 【颜色库】：单击【拾色器】对话框中的【颜色库】按钮，可以打开【颜色库】对话框，如图 4-3 所示。在【颜色库】对话框的【色库】下拉列表框中共有 27 种颜色库。这些颜色库是国际公认的色样标准。彩色印刷人员可以根据这些标准制作的色样本或色谱表精确地选择和确定所使用的颜色。在其中拖动滑块可以选择颜色的主色调，在左侧颜色框内单击颜色条可以选择颜色，单击【拾色器】按钮，即可返回到【拾色器】对话框中。

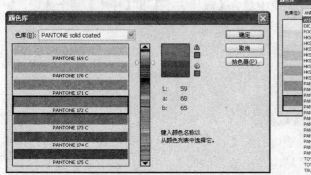

图 4-3　【颜色库】对话框

【例 4-1】使用【拾色器】对话框设置颜色并添加色板。

(1) 在工具箱中双击设置前景色图标，打开【拾色器】对话框。设置颜色 RGB=184、198、128，如图 4-4 所示。

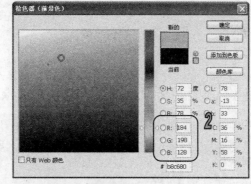

图 4-4　设置颜色

(2) 单击【添加到色板】按钮，打开【色板名称】对话框。在【名称】文本框中输入【浅灰绿色】，然后单击【确定】按钮，再单击【拾色器】对话框中的【确定】按钮，关闭对话框。然后选中【色板】面板，可以查看刚添加的色板，如图 4-5 所示。

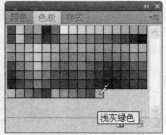

图 4-5　添加色板

§ 4.1.3 用【吸管】工具拾取颜色

使用【吸管】工具 ✐ 可以从当前图像文件任何位置采集色样。选择工具箱中的【吸管】工具，使用【吸管】工具在图像中单击，可以设置该单击位置的颜色为前景色；按住 Alt 键在图像中单击，可以设置该单击位置的颜色为背景色；如果在图像文件窗口中移动光标，【信息】面板中的 CMYK 和 RGB 数值显示区域会随光标的移动显示相应的颜色数值。

选择【吸管】工具后，其工具选项栏中包含【取样大小】和【样本】两个选项，如图 4-6 所示。

图 4-6 【吸管】工具选项栏

➢ 【取样大小】下拉列表中，【取样点】选项读取所单击像素的精确值。【3×3 平均】、【5×5 平均】、【11×11 平均】、【31×31 平均】、【51×51 平均】、【101×101 平均】选项读取单击区域内指定数量的像素的平均值。如图 4-7 所示。

➢ 【样本】下拉列表中，选择【所有图层】选项则从文档中的所有图层中采集色样。选择【当前图层】选项从当前图层中采集色样。如图 4-8 所示。

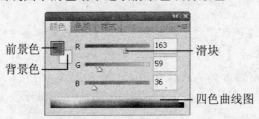

图 4-7 【取样大小】选项

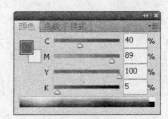

图 4-8 【样本】选项

§ 4.1.4 用【颜色】面板调整颜色

【颜色】面板显示了当前前景色和背景色的颜色值。使用【颜色】面板中的滑块，可以利用不同的颜色模式来编辑前景色和背景色，如图 4-9 所示。用户也可以从显示在面板底部的四色曲线图中的色谱中选取前景色或背景色。

图 4-9 【颜色】面板

在【颜色】面板中编辑前景色或背景色之前，先要确保其颜色选框在面板中处于当前状态，处于当前状态的颜色框有黑色轮廓。

【例 4-2】使用【颜色】面板，设置颜色。

(1) 在【颜色】面板中，拖动颜色滑块调整颜色，如图 4-10 所示。

(2) 将光标放置在颜色条上，当光标变为【吸管】工具时单击，按住 Alt 键单击，将色样设置为背景色，如图 4-11 所示。

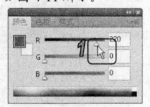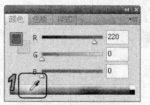

图 4-10　调整颜色　　　　　　　　　图 4-11　设置背景色

(3) 选中背景颜色框，在颜色滑块旁的数值框中输入颜色值来定义颜色，如图 4-12 所示。

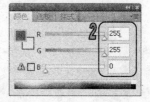

图 4-12　调整颜色

(4) 双击前景颜色选框，在打开的【拾色器】中选取一种颜色，然后单击【确定】按钮，如图 4-13 所示。

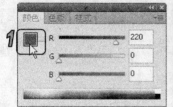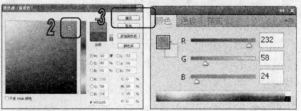

图 4-13　调整颜色

§ 4.1.5　用【色板】面板设置颜色

【色板】面板用来存储经常使用的颜色，或者为不同的项目显示不同的颜色库，同时也可以在面板中根据需要添加或删除颜色。默认情况下，【色板】面板中的颜色以【小缩览图】方式显示，单击面板右上角的扩展菜单按钮，在弹出的菜单中选择【大缩览图】、【小列表】或【大列表】命令，可以更改颜色色板的显示方式，如图 4-14 所示。

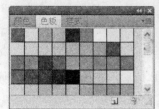

图 4-14　【大缩览图】、【小列表】、【大列表】显示方式

另外，【色板】面板提供了多个预设色板库。在面板菜单中可以直接选择预设的色板库，如图 4-15 所示。用户还可以将自定义的色板组存储为色板库再次使用；或在 Illustrator 和

InDesign 等其他应用程序中共享。

图 4-15　使用预设色板库

【例 4-3】使用【色板】面板调整、存储颜色。

(1) 在【色板】面板中的颜色都是 Photoshop 预设的，将光标置于色板上，当光标变为【吸管】工具时，直接单击面板中的色样即可将其设置为前景色，如图 4-16 所示。

(2) 按住 Ctrl 键单击，则可将拾取的颜色设置为背景色，如图 4-17 所示。

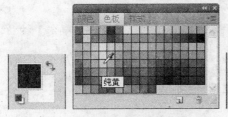
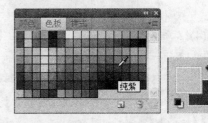

图 4-16　设置颜色　　　　　　　　　　图 4-17　设置颜色

(3) 要将新选择的颜色添加到色板中，将光标放置在【色板】面板底部的空白处，当光标变成【油漆桶】工具时单击，打开【色板名称】对话框，输入新颜色的名称并单击【确定】按钮即可，如图 4-18 所示。

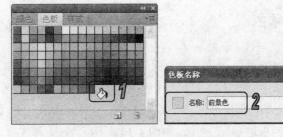

图 4-18　添加色板

技巧

如果直接单击【色板】面板底部的【创建前景色的新色板】按钮 ，可以将前景色添加到【色板】面板中，色板使用默认的名称，如【色板 1】。也可以在任意色板上右击，在弹出的菜单中选择【新建色板】命令，可以通过【色板名称】对话框创建色板。

(4) 单击【色板】面板右上角的扩展菜单按钮 ，在弹出的菜单中选择 Mac OS，在打开的提示对话框中，单击【追加】按钮，如图 4-19 所示。

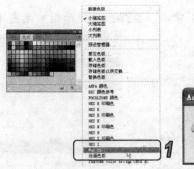

图 4-19　载入色板

（5）在【色板】面板中，单击色板，按住鼠标将其拖动至【删除色板】按钮上，释放鼠标，将其删除，如图 4-20 所示。

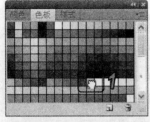
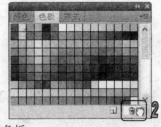

图 4-20　删除色板

技巧

要删除【色板】面板中的颜色，也可以按住 Alt 键，光标变为剪刀状时单击一种颜色，可直接删除此颜色。或在选中色板后，右击，在弹出的菜单中选择【删除色板】命令即可删除该色板。

（6）从【色板】面板菜单中选择【存储色板】命令，打开【存储】对话框。在对话框的【文件名】文本框中输入【用户色板】，然后单击【保存】按钮，如图 4-21 所示。

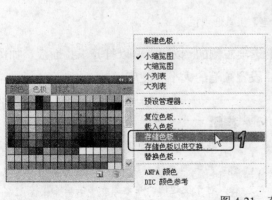

图 4-21　存储色板

提示

从【色板】面板菜单中选择【存储为色板交换文件】命令，可以存储用于交换的色板库，以便于在其他应用程序中共享创建的实色色板。

新世纪高职高专规划教材

(7) 从【色板】面板菜单中选择【复位色板】命令，在弹出的提示框中单击【确定】按钮，复位默认色板，如图 4-22 所示。

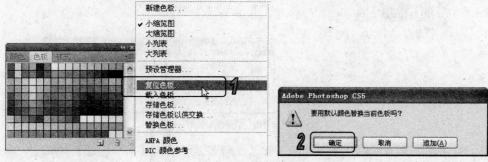

图 4-22 复位色板

4.2 绘图工具的使用

Photoshop 提供了【画笔】和【铅笔】两种绘画工具。【画笔】和【铅笔】工具通过画笔描边来应用颜色，类似于传统的绘画工具。

§ 4.2.1 【画笔】工具

【画笔】工具通常用于绘制偏柔和的线条，其作用类似于使用毛笔的绘画效果，是Photoshop 中最为常用的绘画工具之一。

选择该工具后，在【画笔】工具的选项栏中，如图 4-23 所示，可以设置画笔各项参数选项，以调节画笔绘制效果。

图 4-23 【画笔】工具选项栏

➢ 【画笔预设】选取器：单击【画笔】选项右侧的 按钮，可以打开下拉面板，如图4-24 所示。在面板中可以选择笔尖、设置画笔的大小和硬度。

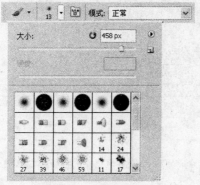

图 4-24 画笔预设

提示

在使用【画笔】工具时，按下[键可以减小画笔的直径，按下]键可增加画笔直径。对于硬边圆、柔边圆和书法画笔，按下 Shift+[组合键可以减小画笔的硬度，按下 Shift+]组合键则增加画笔的硬度。

> ➤ 【模式】：在该下拉列表中可以选择画笔笔迹颜色与下面的像素的混合模式。
> ➤ 【不透明度】：用于设置画笔的不透明度，该值越低，线条的透明度越高。
> ➤ 【流量】：用于设置当光标移动到某一区域上方时应用颜色的速率，在某个区域上方涂抹时，如果按住鼠标左键，颜色将根据流动速率增加，直至达到不透明度设置。
> ➤ 【喷枪】：按下该按钮，可以启用喷枪功能，Photoshop 会根据鼠标左键的单击频率确定画笔线条的填充数量。

【例 4-4】使用预设画笔，调整图像效果。

(1) 选择打开一幅图像文件，选择工具箱中的【画笔】工具，并单击【切换前景色和背景色】按钮，如图 4-25 所示。

(2) 在【画笔】工具选项栏中，单击画笔样式旁的 按钮，打开【画笔预设】选取器，如图 4-26 所示。

图 4-25　打开图像

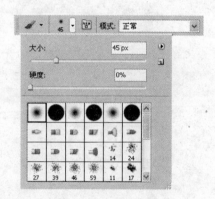
图 4-26　打开【画笔预设】选取器

(3) 单击【画笔预设】选取器右上角的 按钮，在弹出的菜单中选择【DP 画笔】，在弹出的提示对话框中，单击【确定】按钮，载入 DP 画笔，如图 4-27 所示。

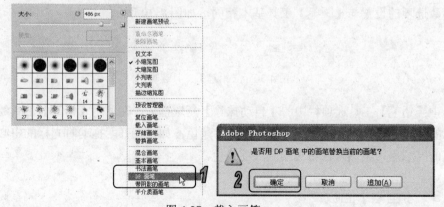
图 4-27　载入画笔

(4) 单击【画笔预设】选取器右上角的 按钮，在弹出的菜单中选择【大缩览图】按钮，更改画笔显示，如图 4-28 所示。

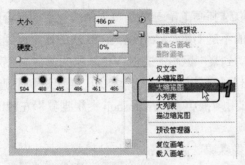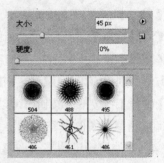

图 4-28　更改预览

（5）选择 DP 花纹画笔样式，设置【大小】数值为 200px，然后在【图层】面板中单击【创建新图层】按钮，新建【图层 1】，设置图层混合模式为【叠加】，再使用【画笔】工具在图像中涂抹，如图 4-29 所示。

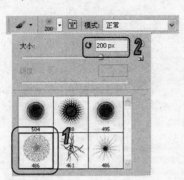

图 4-29　使用画笔

§ 4.2.2　【铅笔】工具

【铅笔】工具通常用于绘制硬质边缘的线条。选择【铅笔】工具后，其工具选项栏中大部分参数选项的设置与【画笔】工具基本相同，如图 4-30 所示。

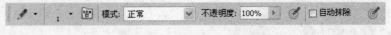

图 4-30　【铅笔】工具选项栏

选中【铅笔】工具选项栏中的【自动抹除】复选框后，在使用【铅笔】工具绘制时，如果光标的中心在前景色上，则该区域将抹成背景色；如果在开始拖动时光标的中心在不包含前景色的区域上，则该区域将被绘制成前景色。

§ 4.2.3　【画笔】面板

在【画笔】面板中，可以从【画笔预设】面板中选择预设画笔，还可以修改现有画笔并设计新的自定画笔。同时，面板底部的画笔描边预览可以显示使用当前画笔选项时绘画描边的外观。

选择【窗口】|【画笔】命令，或单击【画笔】工具选项栏中的【切换到画笔面板】按钮
，或按 F5 快捷键可以打开【画笔】面板。在【画笔】面板的左侧选项列表中，单击选项名称
即可选中要进行设置的选项，并在右侧的区域中显示该选项的所有参数设置，如图 4-31 所示。

在【画笔】面板的左侧设置区中选择【画笔笔尖形状】选项，然后在其右侧显示的选项
中可以设置画笔样式的直径、角度、圆度、硬度以及间距等基本参数选项。在 Photoshop CS5
应用程序的【画笔】面板中新增加了绘画效果的画笔笔尖形状，如图 4-32 所示。其设置选项
与原有的画笔笔尖设置选项不同，用户可以通过控制选项更好地模拟绘画工具的画笔效果。

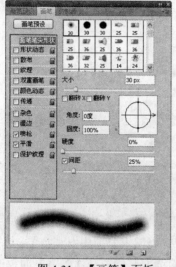

图 4-31　【画笔】面板

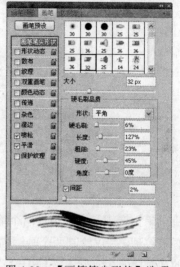

图 4-32　【画笔笔尖形状】选项

【形状动态】选项决定了描边中画笔笔迹的变化，单击【画笔】面板左侧的【形状动态】
选项，选中此选项，面板右侧会显示该选项对应的设置参数，例如画笔的大小抖动、最小直
径、角度抖动和圆度抖动等。如图 4-33 所示。

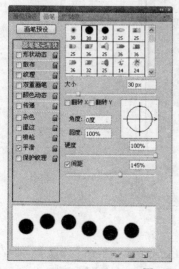

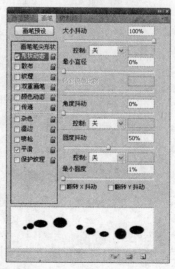

图 4-33　【形状动态】选项

【散布】选项用于指定描边中笔迹的数量和位置。单击【画笔】调板左侧的【散布】选
项，可以选中此选项，面板右侧会显示该选项对应的设置参数，如图 4-34 所示。

【纹理】选项可以利用图案使画笔产生在带有纹理的画布上绘制的效果。单击【画笔】调板左侧的【纹理】选项，可以选中此选项，面板右侧会显示该选项对应的设置参数，如图4-35所示。

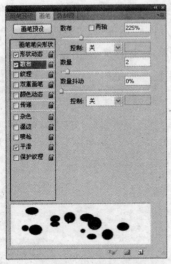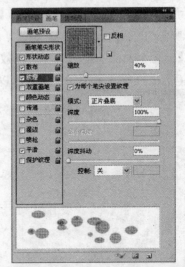

图 4-34　【散布】选项　　　　　　　图 4-35　【纹理】选项

【双重画笔】选项是通过组合两个笔尖来创建画笔笔迹，它可在主画笔的画笔描边内应用第二个画笔纹理，并仅绘制两个画笔描边的交叉区域。如果要使用双重画笔，应首先在【画笔】面板的【画笔笔尖形状】选项中设置主要笔尖的选项，然后从【画笔】面板的【双重画笔】选项部分选择另一个画笔笔尖。如图4-36所示。

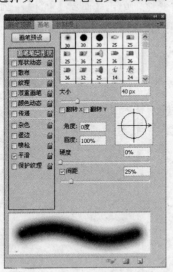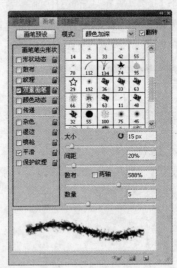

图 4-36　【双重画笔】选项

【颜色动态】选项决定了描边路径中油彩颜色的变化方式。单击【画笔】面板左侧的【颜色动态】选项，可以选中此选项，面板右侧会显示该选项对应的设置参数。

【传递】选项用来确定油彩在描边路线中的改变方式。单击【画笔】面板左侧的【颜色动态】选项，可以选中此选项，面板右侧会显示该选项对应的设置参数。

新世纪高职高专规划教材

【画笔】面板左侧还有 5 个单独的选项，包括【杂色】、【湿边】、【喷枪】、【平滑】和【保护纹理】。这 5 个选项没有控制参数，需要使用时，将其选择即可。

> 【杂色】：可以为个别画笔笔尖增加额外的随机性。当应用于柔化笔尖时，此选项最有效。

> 【湿边】：可以沿画笔描边的边缘增大油彩量，从而创建水彩效果。

> 【喷枪】：可以将渐变色调应用于图像，同时模拟传统的喷枪技术。

> 【平滑】：可以在画笔描边中生成更平滑的曲线。当使用画笔进行快速绘画时，此选项最有效。但是在描边渲染中可能会导致轻微的滞后。

> 【保护纹理】：可以将相同图案和缩放比例应用于具有纹理的所有画笔预设。选择此选项后，在使用多个纹理画笔笔尖绘画时，可以模拟出一致的画布纹理。

【例 4-5】在【画笔】面板中，创建双重画笔。

(1) 选择打开一幅图像文件，在工具箱中，选择【画笔】工具，并按 Shift+X 组合键切换前景色和背景色，然后单击工具选项栏中的【切换画笔面板】按钮 ，打开【画笔】面板，如图 4-37 所示。

(2) 在【画笔】面板的【画笔笔尖形状】选项中，选择【尖角 30】画笔，设置【大小】为 90px，【间距】为 10%，如图 4-38 所示。

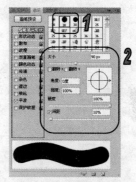

图 4-37　打开【画笔】面板

(3) 在【画笔】面板中，选择【双重画笔】选项，显示设置选项。选中 Sampled Tip 画笔，设置【间距】为 50%，【散布】为 45%，并选中【两轴】复选框，如图 4-38 所示。

(4) 在【图层】面板中，单击【创建新图层】按钮，新建图层，并使用【画笔】工具在图像中涂抹，如图 4-39 所示。

图 4-38　设置画笔　　　　　　　　　　　图 4-39　使用画笔

新世纪高职高专规划教材

§ 4.2.4 创建自定义画笔

在 Photoshop CS5 中，不仅可以以预设画笔样式为基础创建新的预设画笔样式，用户还可以使用【编辑】|【定义画笔预设】命令，将选择的任意形状选区内的图像定义为画笔样式。

【例 4-6】使用图像文件，创建自定义画笔。

(1) 选择打开一幅图像文件，选择【魔棒】工具，在工具选项栏中设置【容差】为 30，然后使用【魔棒】工具在白色背景区域单击，如图 4-40 所示。

(2) 选择【编辑】|【定义画笔预设】命令，打开【画笔名称】对话框。在对话框的【名称】文本框中输入"气球"，然后单击【确定】按钮，创建画笔，如图 4-41 所示。

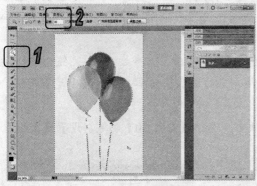

图 4-40　创建选区　　　　　　　　　　　图 4-41　定义画笔

(3) 按 Ctrl+D 组合键取消选区，选择【画笔】工具，在【画笔】工具选项栏中，单击画笔样式旁的 `按钮，打开【画笔预设】选取器，选中【气球】画笔，设置【大小】为 400px，然后使用【画笔】工具在画面中单击，如图 4-42 所示。

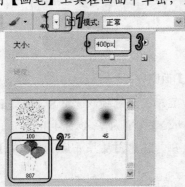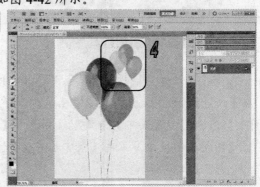

图 4-42　使用自定义画笔

技巧

用户定义的画笔是灰度图像，不保留源图像的色彩信息。当使用【画笔】工具时，画笔颜色由当前前景色决定。

4.3　填充与描边

在 Photoshop 中创建选区后，可以通过使用填充工具及命令对图像的画面或选区进行填

充，如填充单色、渐变色或图案等。

§ 4.3.1 自定义图案

【定义图案】命令可以将图层或选区中的图像定义为图案。定义图案后，可以使用【油漆桶】工具或【填充】命令将图案填充到图层或选区中。

【例 4-7】使用【定义图案】命令，填充选区。

(1) 选择【文件】|【打开】命令，选择打开一幅图像文件，使用【矩形选框】工具创建选区，如图 4-43 所示。

(2) 选择【编辑】|【定义图案】命令，打开【图案名称】对话框，输入图案的名称，单击【确定】按钮，如图 4-44 所示。

图 4-43　创建选区

图 4-44　定义图案

(3) 按 Ctrl+D 组合键取消选区，选择【编辑】|【填充】命令，打开【填充】对话框，在【使用】选项下拉列表中选择【图案】选项，然后在【自定图案】下拉列表中选择新建的图案，单击【确定】按钮，填充图案，如图 4-45 所示。

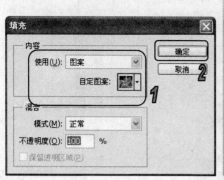

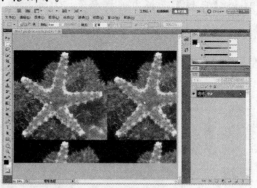

图 4-45　填充图案

§ 4.3.2 【油漆桶】工具

使用【油漆桶】工具 可以在图像中填充前景色或图案。如果图像文件中创建了选区，填充的区域为所选区域；如果没有创建选区，则填充鼠标单击处颜色相近的区域。

新世纪高职高专规划教材

选择工具箱中的【油漆桶】工具后，其工具选项栏如图 4-46 所示。

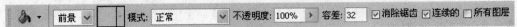

图 4-46　【油漆桶】工具选项栏

➢ 【填充内容】：单击【设置填充区域的源】选项右侧的 ∨ 按钮，可在下拉列表中选择填充内容，包括【前景】和【图案】。

➢ 【容差】：用来定义必须填充的像素的颜色相似程度。低容差会填充颜色值范围内与单击点像素相似的像素，高容差则填充更大范围内的像素。

➢ 【消除锯齿】：可平滑填充选区的边缘。

➢ 【连续的】：只填充与鼠标单击点相邻的像素；取消选中该复选框可填充图像中的所有相似像素。

【例4-8】使用【油漆桶】工具填充图像文件。

(1) 打开一幅黑白图像文件，选择【油漆桶】工具，在工具选项栏中将【填充】设置为【前景】，【模式】设置为【颜色】，【容差】设置为 32，如图 4-47 所示。

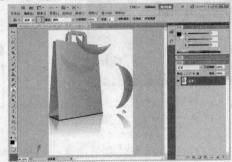

图 4-47　选择【油漆桶】工具

(2) 在【色板】面板中选择颜色。在图像中单击，填充前景色，如图 4-48 所示。

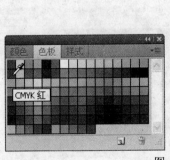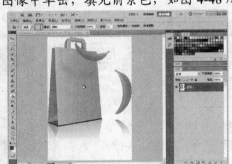

图 4-48　填充颜色

§4.3.3　【渐变】工具

【渐变】工具用来在整个文档或选区内填充渐变颜色。选择该工具后，在图像中单击并拖动出一条直线，以标示渐变的起始点和终点，释放鼠标后即可填充渐变。

1. 渐变模式

Photoshop CS5 提供了【线性渐变】、【径向渐变】、【角度渐变】、【对称渐变】和【菱形渐变】5 种渐变模式，如图 4-49 所示。用户可以通过单击【渐变】工具选项栏中相应的渐变模式按钮，切换不同渐变模式。

➢ 线性渐变效果：选择【渐变】工具并在其选项栏中单击【线性渐变】按钮■，在图像或选区中单击以设置起始点位置，然后拖动鼠标到适当的终止位置处释放，即可在图像或选区内沿起始点至终止位置的方向上进行渐变。

➢ 径向渐变效果：选择【渐变】工具并在其选项栏中单击【径向渐变】按钮■，在图像或选区中单击以设置起始点位置，然后拖动鼠标到适当的终止位置处释放。这时将会以设置的起始点为径向的圆心，以起始点至终止释放位置为半径，由内而外呈圆形进行渐变。

➢ 角度渐变效果：选择【渐变】工具并在其选项栏中单击【角度渐变】按钮■，在图像或选区中单击以设置起始点位置，然后拖动鼠标到适当的终止位置处释放。这时会以设置的起始点为径向的圆心，以起始点至终止释放位置为半径，按顺时针方向进行渐变。

➢ 对称渐变效果：选择【渐变】工具并在其选项栏中单击【对称渐变】按钮■，在图像或选区中单击以设置起始点位置，然后拖动鼠标到适当的终止位置处释放。这时在图像或选区内将会以起始点为对称位置，在其两侧同时进行渐变。

➢ 菱形渐变效果：选择【渐变】工具并在其选项栏中单击【菱形渐变】按钮■，在图像或选区中单击以设置起始点位置，然后拖动鼠标到适当的终止位置处释放。这时将会以设置的起始点为菱形的中心，以起始点至终止释放位置为对角线，由内而外进行渐变。

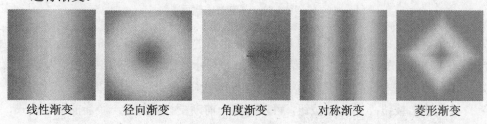

线性渐变　　　　径向渐变　　　　角度渐变　　　　对称渐变　　　　菱形渐变

图 4-49　5 种渐变模式

2. 创建渐变

选择【渐变】工具后，需要在工具选项栏选择渐变的类型，并设置渐变颜色和混合模式等选项。如图 4-50 所示。

选择【渐变】工具后，在工具选项栏中选择渐变的类型，并设置渐变颜色的混合模式、不透明度等参数选项，用户可以创建出更丰富的渐变效果。

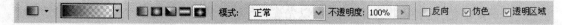

图 4-50　【渐变】工具选项栏

➢ 【渐变颜色条】：显示了当前的渐变颜色，单击它右侧的 按钮，可以打开一个下拉面板，在面板中可以选择预设的渐变。直接单击渐变颜色条，则可以打开【渐变编辑器】对话框，在【渐变编辑器】对话框中可以编辑、保存渐变颜色样式。

➢ 【渐变类型】：在选项栏中可以通过单击选择渐变方式。

➢ 【模式】：用于设置应用渐变时的混合模式。

➢ 【不透明度】：用于设置渐变效果的不透明度。

➢ 【反向】：用于转换渐变中的颜色顺序，得到反向的渐变效果。

➢ 【仿色】：用较小的带宽创建较平滑的混合，可防止打印时出现条带化现象。但在屏幕上并不能明显地体现出仿色的效果。

➢ 【透明区域】：选中该项，可创建透明渐变；取消选中可创建实色渐变。

单击选项栏中的渐变样式预览，可以打开如图 4-51 所示的【渐变编辑器】对话框。对话框中各选项的作用如下。

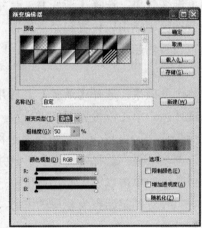

图 4-51 【渐变编辑器】

➢ 【预设】窗口：提供了各种 Photoshop 自带的渐变样式缩览图。通过单击缩览图，即可选取渐变样式，并且对话框的下方将显示该渐变样式的各项参数及选项设置。

➢ 【名称】文本框：用于显示当前所选择渐变样式名称或设置新建样式名称。

➢ 【新建】按钮：单击该按钮，可以根据当前渐变设置创建一个新的渐变样式，并添加到【预设】窗口的末端位置。

➢ 【渐变类型】下拉列表：该下拉列表包括【实底】和【杂色】两个选项。当选择【实底】选项时，可以对均匀渐变的过渡色进行设置；选择【杂色】选项时，可以对粗糙的渐变过渡色进行设置。

➢ 【平滑度】选项：用于调节渐变的光滑程度。

➢ 【色标】滑块：用于控制颜色在渐变中的位置。如果在色标上单击并拖动鼠标，即可调整该颜色在渐变中的位置。要在渐变中添加新颜色，在渐变颜色编辑条下方单击，即可创建一个新的色标，然后双击该色标，在打开的【拾取器】对话框中设置所需的色标颜色即可。用户也可以先选择色标，然后通过【渐变编辑器】对话框中的【颜色】选项进行颜色设置。

> ▷ 【颜色中点】滑块：在单击色标时，会显示其与相邻色标之间的颜色过渡中点。拖动该中点，可以调整渐变颜色之间的颜色过渡范围。

> ▷ 【不透明度色标】滑块：用于设置渐变颜色的不透明度。在渐变样式编辑条上选择该滑块，然后通过【渐变编辑器】对话框中的【不透明度】文本框设置其位置颜色的不透明度。再单击【不透明度色标】时，会显示其与相邻不透明度色标之间的不透明度过渡点。拖动该中点，可以调整渐变颜色之间的不透明度过渡范围。

> ▷ 【位置】文本框：用于设置色标或不透明度色标在渐变样式编辑条上的相对位置。

> ▷ 【删除】按钮：用于删除所选择的色标或不透明度色标。

【例4-9】在图像文件中创建渐变，并调整图像文件效果。

(1) 在 Photoshop CS5 应用程序中，选择【文件】|【打开】命令，打开一幅图像文件。并在【图层】面板中单击【创建新图层】按钮，新建【图层1】图层。如图4-52所示。

(2) 在【工具】面板中选择【渐变】工具，在选项栏中单击【径向渐变】按钮，并选中【反向】复选框。如图4-53所示。

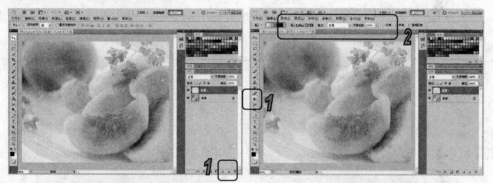

图4-52 打开图像 　　　　　　　　　图4-53 选择渐变

(3) 单击选项栏中的渐变预设，打开【渐变编辑器】对话框。在对话框中单击选中左侧色标，然后单击【颜色】选项色板，在打开的【选择色标颜色】对话框中设置颜色 RGB=255、12、0，单击【确定】按钮，应用并关闭【选择色标颜色】对话框。再单击【渐变编辑器】对话框中的【确定】按钮，关闭对话框。如图4-54所示。

图4-54 设置渐变

新世纪高职高专规划教材

(4) 使用【渐变】工具，在图像文件中心单击，并向右下角拖动创建渐变，然后在【图层】面板中设置图层【混合模式】为【柔光】。如图 4-55 所示。

 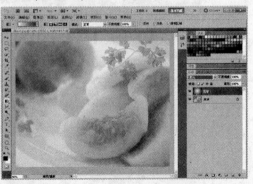

图 4-55　创建渐变

技巧

在渐变列表中选择一个渐变，右击，选择下拉菜单中的【重命名渐变】命令，可以在打开的【渐变名称】对话框中修改渐变的名称。

3. 存储渐变

在【渐变编辑器】对话框中设置好渐变后，在【名称】文本框中输入渐变的名称，然后单击【新建】按钮，可将其保存到渐变列表中，如图 4-56 所示。

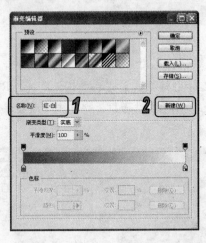 

图 4-56　存储渐变

4. 载入渐变库

Photoshop 的【渐变编辑器】对话框提供了多组渐变样本组。单击【预设】预览选项组右上角的⊙按钮，打开面板菜单。在菜单的下部选择所需的样本组名称，然后在弹出提示对话框中选择【确定】或【追加】按钮即可将样本组载入到【预设】预览选区中。如图 4-57 所示。

图 4-57 载入渐变样本组

单击【渐变编辑器】对话框中的【载入】按钮，可以打开【载入】对话框。在对话框中可以选择一个外部的渐变库，将其载入。

技巧

载入渐变或删除渐变后，如果要恢复默认的渐变，可以单击【渐变编辑器】对话框中的▶按钮，在弹出的菜单中选择【复位渐变】命令。

§ 4.3.4 【填充】命令

使用【填充】命令可以在当前图层或选区内填充颜色或图案，在填充时还可以设置不透明度和混合模式。文本图层和被隐藏的图层不能进行填充。

【例 4-10】在打开的图像文件中，使用【填充】命令添加边框效果。

(1) 在 Photoshop CS4 应用程序中，选择【文件】|【打开】命令，选择打开一幅图像文件。选择【矩形选框】工具，单击选项栏中的【从选区减去】按钮，然后在图像中创建选区。如图 4-58 所示。

图 4-58 创建选区

图 4-59 载入图案

(2) 选择【编辑】|【填充】命令，打开【填充】对话框。在对话框的【使用】下拉列表中选择【图案】选项，在【自定图案】下拉面板中单击 按钮，在弹出的菜单中选择【图案】命令。在弹出的对话框中单击【确定】按钮，如图 4-59 所示。

(3) 在载入的【图案】图案库中选中【拼贴】图案。设置【模式】为【叠加】，【不透明度】为 80%。设置完成后单击【确定】按钮即可在选区内填充图案。然后按 Ctrl+D 快捷键取消选取。如图 4-60 所示。

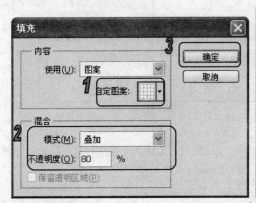
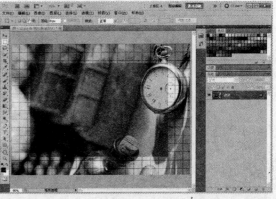

图 4-60　填充图案

技巧

按键盘上 Alt+Delete 组合键可以快速填充前景色；按 Ctrl+Delete 组合键可以快速填充背景色。

§ 4.3.5 【描边】命令

使用【描边】命令可以使用当前前景色描绘选区的边缘。选择【编辑】|【描边】命令，打开【描边】对话框，如图 4-61 所示。

图 4-61　【描边】对话框

➢　【宽度】：设置描边的宽度，其取值范围为 1~250 像素。

➢　【颜色】：单击其右侧的色板，打开【拾色器】对话框，可设置描边颜色。

➢　【位置】：用于选择描边的位置。

➢　【混合】：设置不透明度和着色模式，其作用与【填充】对话框中相应选项相同。

➢　【保留透明区域】：选中该复选框后，进行描边时将不影响原来图层中的透明区域。

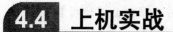

4.4　上机实战

本章的上机实战主要练习制作图像边框效果，使用户通过练习使用【画笔】工具、填充选区等操作，掌握图像绘制的方法。

(1) 在 Photoshop CS5 应用程序中，选择【文件】|【打开】命令，选择打开一幅图像文件，如图 4-62 所示。

(2) 选择工具箱中的【画笔】工具，在工具栏中打开画笔预设选取器，选中【粗边圆形钢笔】画笔，如图 4-63 所示。

图 4-62　打开图像

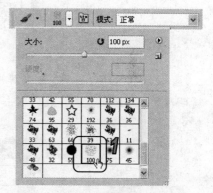

图 4-63　设置画笔

(3) 在【色板】面板中单击色板设置前景色，然后使用【画笔】工具在图像中涂抹，如图 4-64 所示。

(4) 选择工具箱中的【魔棒】工具，在工具选项栏中设置【容差】为 50，然后使用【魔棒】在边框区域中单击，如图 4-65 所示。

图 4-64　使用画笔

图 4-65　创建选区

(5) 选择【编辑】|【填充】命令，打开【填充】对话框。在对话框的【使用】下拉列表中选择【图案】选项，单击【自定图案】下拉面板中的⯈按钮，在弹出的菜单中选择【图案】选项。在弹出的对话框中单击【确定】按钮。如图 4-66 的所示。

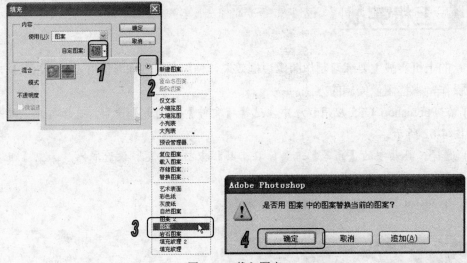

图 4-66　载入图案

(6) 在载入的【图案】图案库中选择【编织(宽)】图案。设置【模式】为【叠加】，【不透明度】为 80%。设置完成后单击【确定】按钮即可在选区内填充图案。然后按 Ctrl+D 快捷键取消选取。如图 4-67 所示。

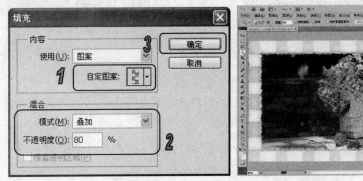

图 4-67　填充图案

4.5　习题

1．使用【油漆桶】工具在新建图像文件中填充图案，效果如图 4-68 所示。

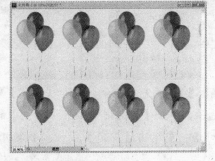

图 4-68　填充图案

2. 使用【画笔】工具和【填充】命令，制作如图 4-69 所示的图像效果。

图 4-69 图像效果

第5章

修 饰 图 像

主要内容　利用 Photoshop 中提供的修复、修补以及修饰工具，可以使用户获得更加优质的图像画面。本章主要介绍 Photoshop CS5 应用程序中提供的各种修复、修补以及修饰等工具的使用方法及技巧。

本章重点
- ➢ 【仿制图章】工具
- ➢ 【修复画笔】工具
- ➢ 【修补】工具
- ➢ 【颜色替换】工具
- ➢ 修饰工具
- ➢ 擦除工具

5.1　修复与修补工具

Photoshop CS5 提供了多种修复、修补图像的工具。利用这些工具，用户可以有效地清除图像画面上的杂质、划痕和褶皱等瑕疵。

§ 5.1.1　【仿制图章】工具

【仿制图章】工具可以从图像中复制信息，然后应用到其他区域或其他图像中，该工具常用于复制对象或去除图像中的缺陷。

选择【仿制图章】工具 ，在如图 5-1 所示的【仿制图章】选项栏中设置工具，按住 Alt 键在图像中单击创建参考点，然后释放 Alt 键，按住鼠标在图像中拖动即可仿制图像。

图 5-1　【仿制图章】工具选项栏

在【仿制图章】工具 的选项栏中，用户除了可以在其中设置笔刷、不透明度和流量外，还可以设置以下两个参数选项。

> ➢ 【对齐】复选框：选中该复选框，可以对图像画面连续取样，而不会丢失当前设置的参考点位置，即使释放鼠标后也是如此；取消选中用该复选框，则会在每次停止并重新开始仿制时，使用最初设置的参考点位置。默认情况下，【对齐】复选框为启用状态。

> ➢ 【样本】选项：用于选择从指定的图层中进行数据取样。如果仅从当前图层中取样，应选择【当前图层】选项；如果要从当前图层及其下方的可见图层中取样，可选择【当前和下方图层】选项；如果要从所有可见图层中取样，可选择【所有图层】选项。

【例 5-1】使用【仿制图章】工具修复图像。

(1) 启动 Photoshop CS5 应用程序后，选择【文件】|【打开】命令，在【打开】对话框中选择打开一幅图像文件，如图 5-2 所示。

(2) 在工具箱中选择【仿制图章】工具，在【仿制图章】工具选项栏中设置画笔大小，并选中【对齐】复选框，然后按住 Alt 键在图像中取样，如图 5-3 所示。

图 5-2　打开图像

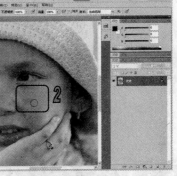

图 5-3　取样

(3) 按住鼠标，在图像画面中拖动，即可仿制取样图像，修复图像画面，如图 5-4 所示。

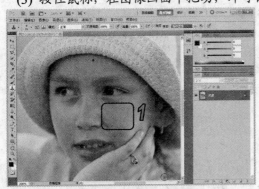

图 5-4　使用【仿制图章】工具修复图像

提示

在使用【仿制图章】工具的过程中，可以随时改变取样点的位置，以获得逼真的修复效果。同时使用过程还可以通过 Ctrl+[组合键和 Ctrl+]组合键放大、缩小，画笔大小调整取样范围。

§ 5.1.2　【污点修复画笔】工具

使用【污点修复画笔】工具 可以快速去除画面中的污点、划痕等。【污点修复画笔】的工作原理是从图像或图案中提取样本像素来涂改需要修复的地方，使需要修改的地方与样本像素在纹理、亮度和透明度上保持一致，从而达到用样本像素遮盖需要修复的地方的目的。

【例5-2】使用【污点修复画笔】工具修复图像

(1) 启动 Photoshop CS5 应用程序后，选择【文件】|【打开】命令，在【打开】对话框中选择打开一幅图像文件，如图5-5所示。

(2) 在工具箱中，选择【缩放】工具，在图像中需要修复的地方按住鼠标拖动框选需要放大的区域，然后释放鼠标，放大图像，如图5-6所示。

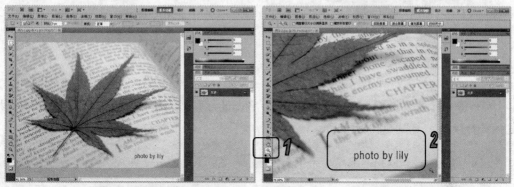

图 5-5　打开图像　　　　　　　　　　图 5-6　放大图像

(3) 在工具箱中，选择【污点修复画笔】工具，在工具选项栏中选择一个柔角的画笔，选中【内容识别】单选按钮，然后使用【污点修复画笔】工具在图像文字上单击拖动，即可修复图像，如图5-7所示。

图 5-7　使用【污点修复画笔】修复图像

§ 5.1.3 　【修复画笔】工具

【修复画笔】工具 ✎ 与仿制工具的使用方法基本相同，它也可以利用图像或图案中提取的样本像素来修复图像。但该工具可以从被修饰区域的周围取样，并将样本的纹理、光照、透明度和阴影等与所修复的像素匹配，从而去除照片中的污点和划痕。

【例5-3】使用【修复画笔】工具修复图像。

(1) 在 Photoshop CS5 应用程序中，选择菜单栏中的【文件】|【打开】命令，选择打开一幅图像文件，如图5-8所示。

(2) 选择【修复画笔】工具，在【修复画笔】工具选项栏中设置画笔【硬度】数值为10%，在【模式】下拉列表中选择【正常】选项，将【源】设置为【取样】。如图5-9所示。

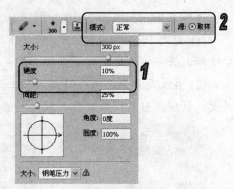

图 5-8　打开图像　　　　　　　　　　图 5-9　设置【修复画笔】工具

（3）将光标置于取样源上，按住 Alt 键，单击进行取样，移动光标至其他处，单击并拖动鼠标进行修复。如图 5-10 所示。

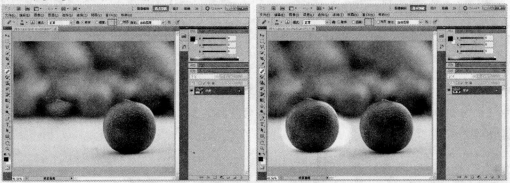

图 5-10　使用【修复画笔】工具修复图像

§5.1.4　【修补】工具

【修补】工具 可以用其他区域或图案中的像素来修复选中的区域。【修补】工具会将样本像素的纹理、光照和阴影与源像素进行匹配。使用该工具时，用户既可以直接使用已经制作好的选区，也可以利用该工具制作选区。

在工具箱中选择【修补】工具，【修补】工具的选项栏如图 5-11 所示。该工具选项栏的【修补】选项中包括【源】和【目标】两个单选按钮。选中【源】单选按钮时，将选区拖至需要修补的区域，释放鼠标后，该区域的图像会修补原来的选区；如果选择【目标】单选按钮，将选区拖至其他区域时，可以将原区域内的图像复制到该区域。

图 5-11　【修补】工具选项栏

【例 5-4】使用【修补】工具修补图像画面。

（1）在 Photoshop CS5 应用程序中，选择菜单栏中的【文件】|【打开】命令，选择打开一幅图像文件，如图 5-12 所示。

（2）选择【修补】工具，在【修补】工具选项栏中，选中【修补】选项中的【源】单选按钮，将光标置于画面中单击并拖动鼠标创建选区，如图 5-13 所示。

图 5-12　打开图像　　　　　　　　　　　　图 5-13　创建选区

(3) 将光标置于选区内，单击并向上方拖动至空白区域，将白色背景复制到选区中遮盖绿苹果，如图 5-14 所示。

图 5-14　使用【修补】工具修补图像

提示

选中【修补】工具选项栏中的【透明】复选框，可以使用修补的图像与源图像产生透明的叠加效果。

§ 5.1.5　【图案图章】工具

【图案图章】工具 可以利用 Photoshop 提供的图案或用户自定义的图案替换目标对象效果。选择该工具后，其选项栏如图 5-15 所示。

图 5-15　【图案图章】工具选项栏

【图案图章】工具选项栏中各个选项参数含义如下：

➢ 【画笔】：用于准确控制仿制区域大小。
➢ 【模式】：用于指定混合模式。选择【替换】选项可以使用柔边画笔，保留画笔描边边缘处的杂色、胶片颗粒和纹理。

新世纪高职高专规划教材

➢ 【不透明度】和【流量】：用于控制对仿制区域应用绘制的方式。

➢ 【图案】：用于选择应用的图案。

➢ 【对齐】：选择该复选框以保持图案与原始起点的连续性，即使释放鼠标按钮并继续绘画也不例外。取消选择该复选框可以在每次停止并开始绘画时重新启动图案。

➢ 【印象派效果】：用于应用具有印象派效果的图案。

【例5-5】使用【图案图章】工具修饰图像画面。

(1) 选择打开一幅图像文件。选择【矩形选框】工具，在图像中拖动创建选区。如图 5-16 所示。

(2) 选择【编辑】|【定义图案】命令，在打开的【图案名称】对话框中输入图案名称"海螺"，单击【确定】按钮定义图案。如图 5-17 所示。

图 5-16 创建选区

图 5-17 定义图案

(3) 按下 Ctrl+D 组合键，取消选区，选择【图案图章】工具，在【图案图章】工具选项栏中选择自定义图案，将【画笔】设置为柔角 300 像素，在【图案】下拉面板中选择刚定义的海螺图案，然后使用【图案图章】工具在图像中拖动。如图 5-18 所示。

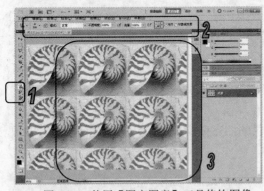

图 5-18 使用【图案图章】工具修饰图像

提示

在定义图案时，选区只能为矩形，且羽化数值必须为 0。如果当前图像中没有选区，则将整幅图像定义为图案。定义的图案支持多图层，即以当前选区图像的显示效果为准。

§ 5.1.6 【颜色替换】工具

【颜色替换】工具 能够简化图像中特定颜色的替换。可以使用校正颜色在目标颜色上绘画。颜色替换工具不适用于【位图】、【索引】或【多通道】颜色模式的图像。

选择【颜色替换】工具，其工具选项栏如图 5-19 所示。

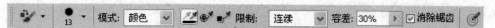

图 5-19 【颜色替换】工具选项栏

➢ 【模式】下拉列表框：用于设置替换的内容，包括【色相】、【饱和度】、【颜色】
 和【明度】。默认为【颜色】选项，表示可以同时替换色相、饱和度和明度。

➢ 【连续】按钮：可以在拖动鼠标时连续对颜色取样。

➢ 【一次】按钮：可以只替换包含第一次单击的颜色区域中的目标颜色。

➢ 【背景色板】按钮：可以只替换包含当前背景色的区域。

➢ 【限制】下拉列表：【不连续】选项用于替换出现在光标指针下任何位置的颜色样
 本；【连续】选项用于替换与紧挨在光标指针下的颜色邻近的颜色；【查找边缘】
 选项用于替换包含样本颜色的连续区域，同时更好地保留形状边缘的锐化程度。

➢ 【容差】选项：用于设置在图像文件中颜色的替换范围。

➢ 【消除锯齿】复选框：可以去除替换颜色后的锯齿状边缘

【例 5-6】使用【颜色替换】工具修饰图像画面。

(1) 选择打开一幅图像文件。选择【矩形选框】工具，在图像中拖动创建选区，如图 5-20 所示。

(2) 选择工具箱中的【快速选择】工具，在图像背景区域拖动创建选区，如图 5-21 所示。

图 5-20 打开图像   图 5-21 创建选区

(3) 选择【颜色替换】工具，按 Shift+X 组合键切换前景色和背景色，并在工具栏中设置
画笔大小，在【模式】下拉列表中选择【明度】选项，设置【容差】为 5%，然后使用【颜
色替换】工具在选区内涂抹，如图 5-22 所示，完成后按 Ctrl+D 组合键取消选区。

图 5-22 替换颜色

新世纪高职高专规划教材

§ 5.1.7 【仿制源】面板

在使用【仿制图章】工具或【修复画笔】工具时，可以通过【仿制源】面板设置不同的样本源，并且还可以显示样本源的叠加，以帮助用户在特定位置仿制源，同时可以缩放或旋转样本源以更好地匹配仿制目标的大小和方向。

选择【窗口】|【仿制源】命令，打开【仿制源】面板，如图 5-23 所示。

➤ 仿制源：单击面板中的仿制源按钮 <img>，然后使用【仿制图章】工具或【修复画笔】工具按住 Alt 键在画面中单击，可设置取样点。再按下下一个仿制源按钮，可以继续取样，如图 5-24 所示。最多可以设置 5 个不同的取样源。

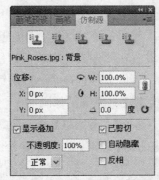

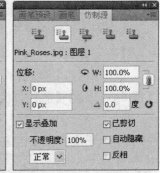

图 5-23 【仿制源】面板   图 5-24 设置仿制源

➤ 位移：输入 W(宽度)或 H(高度)值，可缩放所仿制的源，默认情况下会约束比例。如果要单独调整尺寸或恢复约束选项，可单击【保持长宽比】按钮 <img>；指定 X 和 Y 像素位移时，可在相对于取样点的精确的位置进行绘制；在【旋转仿制源】数值框 <img> 中输入旋转角度时，可以旋转仿制的源，如图 5-25 所示。

➤ 重置转换 <img>：单击该按钮，可以将样本源复位到其初始的大小和方向。

➤ 显示叠加：选中【显示叠加】复选框并指定叠加选项，可以在使用【仿制图章】或【修复画笔】工具时，更好地查看叠加以及下面的图像。其中，【不透明度】选项可设置叠加的不透明度；选中【已剪切】复选框，可以将叠加剪切到画笔大小；选择【自动隐藏】复选框，可在应用绘画描边时隐藏叠加；选择【反相】复选框，可反相叠加中的颜色；如果要设置叠加的外观，可以从【仿制源】面板底部的弹出菜单中选择一种混合模式，如图 5-26 所示。

图 5-25 位移

新世纪高职高专规划教材

图 5-26　显示叠加

5.2　修饰工具

Photoshop 中的【模糊】、【锐化】、【涂抹】、【减淡】、【加深】和【海绵】等工具用于修饰图像，它们可以改善图像的细节、色调以及色彩的饱和度。

§ 5.2.1　【模糊】工具

【模糊】工具 的作用是降低图像画面中相邻像素之间的反差，使边缘的区域变柔和，从而产生模糊的效果，还可以柔化模糊局部的图像。选择工具箱中的【模糊】工具，在如图 5-27 所示的【模糊】工具选项栏中，【模式】下拉列表框用于设置画笔的模糊模式；【强度】文本框用于设置图像处理的模糊程度，参数数值越大，其模糊效果越明显。启用【对所有图层取样】复选框，模糊处理可以对所有的图层中的图像进行操作；禁用该复选框，模糊处理只能对当前图层中的图像进行操作。

图 5-27　【模糊】工具选项栏

在使用【模糊】工具时，如果反复涂抹图像上的同一区域，会使该区域变得更加模糊不清，如图 5-28 所示。

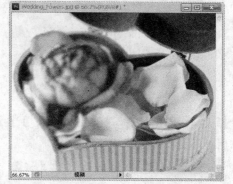

图 5-28　模糊图像

§ 5.2.2 【锐化】工具

【锐化】工具 △ 与【模糊】工具相反，它是一种图像色彩锐化的工具，即增大像素间的反差，达到清晰边线或图像的效果。在工具箱中选择【锐化】工具，【锐化】工具选项栏与【模糊】工具的选项栏基本相同。如图 5-29 所示。

图 5-29　【锐化】工具选项栏

使用【锐化】工具时，如果反复涂抹同一区域，则会造成图像失真，如图 5-31 所示。

图 5-30　锐化图像

§ 5.2.3 【减淡】工具

【减淡】工具 ◌ 通过提高图像的曝光度来提高图像的亮度，使用时在图像需要亮化的区域反复拖动即可亮化图像，如图 5-31 所示。

图 5-31　亮化图像

选择【减淡】工具后，打开【减淡】工具选项栏如图 5-32 所示，其工具选项栏中各选项参数作用如下：

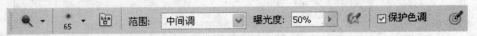

图 5-32　【减淡】工具选项栏

> ➤ 【范围】：在其下拉列表中，【阴影】表示仅对图像的暗色调区域进行亮化；【中间调】表示仅对图像的中间色调区域进行亮化；【高光】表示仅对图像的亮色调区域进行亮化。

> ➤ 【曝光度】：用于设定曝光强度。可以直接在数值框中输入数值或单击右侧▶的按钮，然后在弹出的滑杆上拖动滑块来调整曝光强度。

§ 5.2.4 【加深】工具

【加深】工具用于降低图像的曝光度，通常用于加深图像的阴影或对图像中有高光的部分进行暗化处理，如图 5-33 所示。

图 5-33　加深图像的阴影

【加深】工具◎选项栏与【减淡】工具选项栏内容基本相同，如图 5-34 所示，但使用它们产生的图像效果完全相反。

图 5-34　【加深】工具选项栏

§ 5.2.5 【海绵】工具

【海绵】工具◎可以精确地修改色彩的饱和度。如果图像是灰度模式，该工具可以通过使灰阶远离或靠近中间灰色来增加或降低对比度。选择该工具后，在画面中单击并拖动鼠标涂抹即可进行相应的处理。

选择【海绵】工具后，其工具选项栏中【画笔】和【喷枪】选项与【加深】和【减淡】工具的选项相同，如图 5-35 所示。其中【自然饱和度】复选框可以防止在增加饱和度时颜色过度饱和。

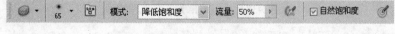

图 5-35　【海绵】工具选项栏

§ 5.2.6 【涂抹】工具

【涂抹】工具可拾取鼠标点击处的颜色，并沿鼠标拖移的方向展开颜色，模拟出类似于手指涂抹颜色的效果。选择【涂抹】工具后，在画面中单击并拖动鼠标即可涂抹。涂抹的效果与选择的画笔样式有关，如图 5-36 所示。

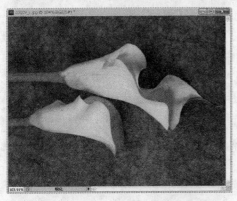

图 5-36　使用【涂抹】工具的图像

图 5-37 所示为【涂抹】工具选项栏，除【手指绘画】外，其他选项都与【模糊】和【锐化】工具的选项相同。选中【手指绘画】复选框，可以在涂抹时添加前景色。

图 5-37　【涂抹】工具选项栏

5.3　擦除工具

Photoshop 中包含【橡皮擦】、【背景橡皮擦】和【魔术橡皮擦】三种类型的擦除工具，可以用来擦除图像。

§ 5.3.1　【橡皮擦】工具

使用【橡皮擦】工具在图像中涂抹，可以擦除图像。如果在【背景】图层或锁定了透明区域的图层中使用该工具，被擦除的部分会显示为背景色。在其他图层上使用时，被擦除的区域会成为透明区域。

选择【橡皮擦】工具后，其工具选项栏如图 5-38 所示。

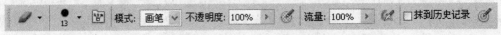

图 5-38　【橡皮擦】工具选项栏

➢ 　【模式】选项：可选择橡皮擦的种类。选择【画笔】选项，可创建柔边擦除效果。选择【铅笔】选项，可创建硬边擦除效果。选择【块】选项，擦除的效果为块状。

➢ 　【不透明度】选项：用来设置擦除的强度。当数值为 100%时，可以完全擦除像素。较低的不透明度将部分擦除像素。当【模式】设置为【块】时，不能使用该选项。

➢ 　【流量】：用来控制工具的涂抹速度。

> 【抹到历史记录】：与历史记录画笔工具的作用相同。选中该复选框后，在【历史记录】面板中选择一个状态或快照，在擦除时，可以将图像恢复为指定状态。

§ 5.3.2 【背景橡皮擦】工具

【背景橡皮擦】工具  是一种智能橡皮擦，它可以自动识别对象边缘的功能，可采集画笔中心的色样，并删除在画笔内出现的这种颜色，使擦除区域成为透明区域。选择【背景橡皮擦】工具后，其工具选项栏如图 5-39 所示。

图 5-39 【背景橡皮擦】工具选项栏

> 【取样】选项：用于设置取样方式。按下【连续】按钮 后，在拖动鼠标时可连续对颜色进行取样，如果光标中心的十字线触碰到需要保留的对象，也会将其擦除；按下【一次】按钮 后，只擦除包含第一次单击点颜色的区域；按下【背景色板】按钮 后，只擦除包含背景色的区域。
> 【限制】：可选择擦除时的显示模式。选择【不连续】选项，可擦除出现在光标下任何位置的样本颜色。选择【连续】选项，只擦除包含样本颜色并且互相连接的区域；选择【查找边缘】选项，可擦除包含样本颜色的连接区域，同时更好地保留形状边缘的锐化程度。
> 【容差】：用于设置颜色的容差范围。低容差仅限于擦除与样本颜色非常相似的区域，高容差可擦除范围更广的颜色。
> 【保护前景色】：选中该复选框后，可防止擦除与前景色匹配的区域。

【例 5-7】使用【背景橡皮擦】工具去除图像背景。

(1) 选择【文件】|【打开】命令，选择打开一幅图像文件，如图 5-40 所示。

(2) 选择【背景橡皮擦】工具，在选项栏中设置画笔大小，设置【容差】为 30%，并选中【保护前景色】复选框。将光标放在图像上，光标显示为带十字线的圆形，如图 5-41 所示。

图 5-40 打开图像 　　　　　　　　　图 5-41 设置【背景橡皮擦】工具

(3) 在擦除图像时，Photoshop 会采集十字线位置的颜色，并将圆形区域内的类似颜色擦除。单击并拖动鼠标即可擦除背景。如图 5-42 所示。

新世纪高职高专规划教材

图 5-42　擦除图像背景

§ 5.3.3 　【魔术橡皮擦】工具

　　使用【魔术橡皮擦】工具在图层中单击时，该工具会将所有相似的像素更改为透明。如果在已锁定透明度的图层中工作，这些像素将更改为背景色。如果在背景中单击，则将背景图层转换为普通图层并将所有相似的像素更改为透明，如图 5-43 所示。

图 5-43　使用【魔术橡皮擦】工具擦除图像

　　选择【魔术橡皮擦】工具后，其工具选项栏如图 5-44 所示。其中选中【对所有图层取样】复选框可对所有可见图层中的组合数据采集抹除色样。

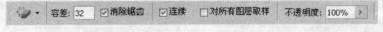

图 5-44　【魔术橡皮擦】工具选项栏

5.4　上机实战

　　本章的上机实战主要练习修复、修饰图像画面效果，使用户巩固掌握修复工具的使用和图像细节调整的操作方法。

　　(1) 启动 Photoshop CS5 应用程序后，选择【文件】|【打开】命令，在【打开】对话框中选择打开一幅图像文件，如图 5-45 所示。

　　(2) 在工具箱中，选择【缩放】工具，在图像中需要修复的位置按住鼠标拖动框选需要放大的区域，然后释放鼠标，放大图像，如图 5-46 所示。

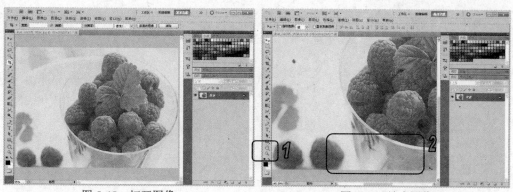

图 5-45　打开图像　　　　　　　图 5-46　放大图像

(3) 在工具箱中，选择【污点修复画笔】工具，在其工具选项栏中选择一个柔角的画笔，选中【内容识别】单选按钮，然后使用【污点修复画笔】工具在图像文字上单击拖动，即可修复图像，如图 5-47 所示。

(4) 选择【加深】工具，在图像中涂抹，加深图像画面效果，如图 5-48 所示。

图 5-47　修复图像　　　　　　　图 5-48　加深图像

5.5　习题

1. 打开图像文件，使用修复工具去除图像中的污点，如图 5-49 所示。
2. 打开任意图像文件，使用【海绵】工具降低图像饱和度。

图 5-49　去除图像污点

新世纪高职高专规划教材

第**6**章

编 辑 图 像

主要内容　　在 Photoshop 中，图像的编辑处理就是针对当前图层或选区内图像的处理操作。其中一些的处理方法和技巧需要用户熟练掌握，如图像的复制、裁剪以及变换等操作。本章将详细介绍如何使用命令或工具来完成编辑图像内容的基本操作。

本章重点
- ➤ 图像编辑工具
- ➤ 图像的移动、复制和删除
- ➤ 图像的裁切

- ➤ 图像变换
- ➤ 操控变形
- ➤ 使用历史记录面板

6.1　图像编辑工具

Photoshop 提供了一些编辑图像工具，使用这些工具方便地帮助用户对图像文件进行编辑操作。

§ 6.1.1　【注释】工具

在 Photoshop 中，可以将一些附加信息到添加到图像文件上。这对于将审阅评语、生产说明或其他信息与图像关联十分有用。注释在图像上显示为不可打印的小图标。它们与图像上的位置有关，与图层无关。并且在 Photoshop 中可以隐藏或显示注释，也可以打开注释以对其进行查看或编辑。

1. 添加注释

选择工具箱中的【注释】工具，可以在 Photoshop 图像画布上的任意位置添加注释。创建注释时，将在图像上显示一个图标，同时打开【注释】面板可以添加注释内容，如图 6-1 所示。

2. 编辑注释

在添加相关注释内容后，用户还可以对注释进行显示或隐藏，观察图像文件，或对注释内容进行编辑。

图 6-1 添加注释

【例 6-1】在打开的图像文件中，使用注释。

(1) 启动 Photoshop CS5 应用程序，打开图像文件。在工具箱中选择【注释】工具，然后将鼠标光标移动到需要添加注释的位置单击，如图 6-2 所示。

图 6-2 添加注释

(2) 在【注释】选项栏的【作者】文本框中输入"阳光茶社"，在【注释】面板中输入注释内容"茶道正文，字体：方正细黑，大小：7pt"。此时，完成注释 1 的添加。如图 6-3 所示。

图 6-3 编辑注释

(3) 继续使用【注释】工具在图像旁边单击，添加注释 2。在【注释】面板中输入注释内容"建筑图片/2 张"，如图 6-4 所示。

(4) 把鼠标光标再次移动到注释 1 上单击，这时可以查看到【注释】面板中显示了注释 1 的文字内容，如图 6-5 所示。

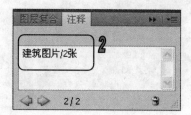

图 6-4 添加注释

(5) 在【注释】面板中单击【选择下一注释】按钮 以切换到之前所创建的注释 2，如图 6-6 所示。

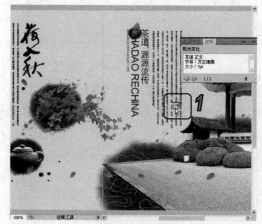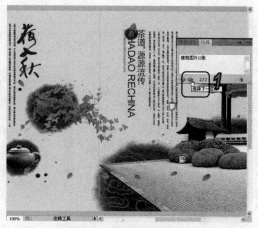

图 6-5 选择注释 　　　　　　　　图 6-6 选择下一注释

技巧

在【注释】面板中，单击【删除】按钮，在弹出的提示框中单击【是】按钮，即可删除【注释】面板中注释。注释编辑完成后，可以选择【视图】|【显示】|【注释】命令，隐藏注释，以便观察图像文件效果。

§6.1.2 【标尺】工具

使用【标尺】工具可以方便、轻松地校正图像画面的倾斜状况。

【例6-2】使用【标尺】工具校正图像水平线。

(1) 启动 Photoshop CS5 应用程序，选择【文件】|【打开】命令，选择打开图像文件，如图 6-7 所示。

(2) 选择【标尺】工具，在图像中根据水平线单击并按住鼠标拖动创建一条直线，如图 6-8 所示。

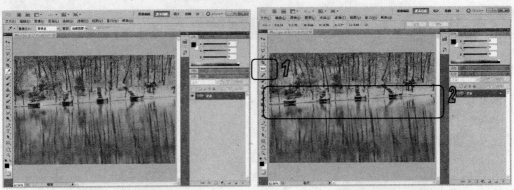

图 6-7 打开图像文件　　　　　　　　　　图 6-8 创建水平线

　　(3) 单击工具选项栏中的【拉直】按钮，可以根据创建的直线调整图像水平线，如图 6-9 所示。

图 6-9 校正图像水平线

> **提示**
>
> 　　创建水平线后，也可以选择【图像】|【图像旋转】|【任意角度】命令，打开【旋转画布】对话框，直接单击【确定】按钮，根据【标尺】工具创建的水平线校正图像。

§ 6.1.3 【抓手】工具

　　当图像文件放大到在文档窗口中只能显示局部图像时，可以选择【抓手】工具，在图像文件中按住鼠标左键拖动并移动图像画面进行查看，如图 6-10 所示。如果已经选择其他的工具，则可以按住空格键切换到【抓手】工具，移动图像画面。

图 6-10 移动画面

新世纪高职高专规划教材

6.2 图像的移动、复制和删除

在 Photoshop 中编辑图像文件的过程中，图像的移动、复制和删除操作是最为常用的操作。因此，用户应熟练掌握其操作方法及技巧。

§ 6.2.1 图像的移动

在【图层】面板中选择要移动的对象所在的图层，使用【移动】工具在画面中单击并拖动鼠标即可移动对象。如果创建了选区，则可以剪切并移动选区内的图像，如图 6-11 所示。

如果在使用【移动】工具时，按住 Ctrl+Alt 组合键，当光标显示为 ▶ 状态时，可以移动并复制选区内图像，如图 6-12 所示。除此之外，用户也可以通过键盘上的方向键，将对象以一个像素的距离移动；如果按住 Shift 键，再按方向键，则每次可以移动 10 个像素的距离。

图 6-11　移动图像

图 6-12　移动并复制图像

§ 6.2.2 图像的复制

在图像编辑合成过程中，复制、粘贴等都是常用的命令。除此之外，Photoshop 中还提供了可以对选区内的图像进行特殊复制与粘贴的操作。

1. 剪切、拷贝与粘贴

通过选区选择部分或全部图像后，可以根据需要对选区内的图像进行剪切和拷贝操作。

要剪切选区内的图像，选择【编辑】|【剪切】命令，或按快捷键 Ctrl+X，即可剪切图像至剪贴板中，从而利用剪贴板交换图像数据信息。执行该命令后，选区中的图像从原图像中剪切，并以背景色填充。如图 6-13 所示。

要拷贝选区内的图像，选择【编辑】|【拷贝】命令，或按快捷键 Ctrl+C，即可拷贝图像至剪贴板中。要粘贴剪贴板中的图像至当前图像文件中，选择【编辑】|【粘贴】命令，或按快捷键 Ctrl+V，即可粘贴拷贝的图像至当前图像文件中，并且自动创建新图层。如图 6-14 所示。

新世纪高职高专规划教材

图 6-13　剪切图像　　　　　　　　　　　　　图 6-14　拷贝、粘贴图像

2. 合并拷贝

虽然处理图像过程中可以创建很多图层，但当前图层只有一个。如果当前编辑的图像文件中包含多个图层，那么使用【编辑】|【拷贝】或【剪切】命令操作时，针对的是当前图层中选区内的图像。要复制当前选区内的所有图层中图像至剪贴板中，可以选择【编辑】|【合并拷贝】命令，如图 6-15 所示。

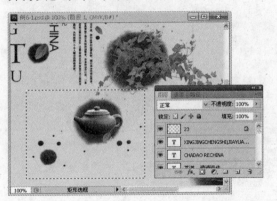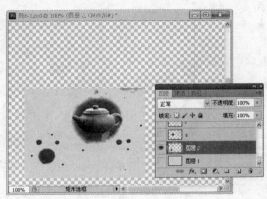

图 6-15　合并拷贝图像

3. 选择性粘贴

选择【编辑】|【选择性粘贴】命令，可以将一个选区内的图像粘贴到另一个选区的里面或外面。

➢ 选择【编辑】|【原位粘贴】命令，可粘贴剪贴板中的图像至当前图像文件原位置，并生成新图层。

➢ 选择【编辑】|【选择性粘贴】|【贴入】命令，可以粘贴剪贴板中的图像至当前图像文件窗口显示的选区内，并且自动创建一个带有图层蒙版的新图层，放置剪切或拷贝的图像内容。

➢ 选择【编辑】|【选择性粘贴】|【外部粘贴】命令，可以粘贴剪贴板中的图像至当前图像文件窗口显示的选区外，并且自动创建一个带有图层蒙版的新图层。

【例 6-3】使用【选择性粘贴】命令，合并两幅图像文件。

(1) 启动 Photoshop CS5 应用程序，打开两幅图像文件。选中花朵图像，按 Ctrl+A 组合键全选图像并按 Ctrl+C 组合键拷贝图像，如图 6-16 所示。

(2) 选中另一幅图像，选择工具箱中的【多边形套索】工具，在图像中创建选区，如图 6-17 所示。

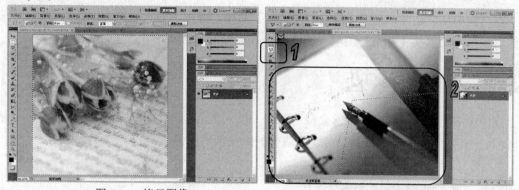

图 6-16　拷贝图像　　　　　　　　　　　图 6-17　创建选区

(3) 选择【选择】|【修改】|【羽化】命令，在打开的【羽化选区】对话框中设置【羽化半径】为 250 像素，然后单击【确定】按钮，羽化选区，如图 6-18 所示。

图 6-18　羽化选区

(4) 选择【编辑】|【选择性粘贴】|【贴入】命令，将花朵图像贴入到选区内，并按 Ctrl+T 组合键放大并调整图像，然后按 Enter 键贴入图像，如图 6-19 所示。

(5) 在【图层】面板中，设置【图层 1】图层混合模式为【线性加深】选项，如图 6-20 所示。

图 6-19　贴入图像　　　　　　　　　　　图 6-20　设置图层混合模式

新世纪高职高专规划教材

§ 6.2.3　图像的删除

在图像中创建选区，选择【编辑】|【清除】命令，或按下 Delete 键，可以清除选区内的图像。如果清除的是【背景】图层上的图像，被清除的区域将填充背景色。

6.3　图像的裁切

在图像编辑处理过程中，经常会裁剪图像，以保留需要的部分，删除不需要的部分。在 Photoshop 中可以使用【裁剪】工具或【裁剪】命令裁剪图像。

§ 6.3.1　用【裁剪】工具裁剪图像

使用【裁剪】工具可以裁剪图像，重新定义画布的大小。选择该工具后，在画面中单击拖动出一个矩形框，定义要保留的内容，然后按下 Enter 键，可裁剪矩形框以外的图像。选择【裁剪】工具后，其工具选项栏如图 6-21 所示。

图 6-21　【裁剪】工具选项栏

- ➢ 【宽度】、【高度】和【分辨率】数值框：可输入图像的宽度、高度和分辨率值，裁剪后的图像尺寸将由输入的数值决定。
- ➢ 【前面的图像】：单击该按钮，可以在前面的数值框中显示当前图像的大小和分辨率。如果打开了两个图像文件，则会显示另一个图像的大小和分辨率。
- ➢ 【清除】：在【宽度】、【高度】和【分辨率】数值框中输入数值后，Photoshop 会将其保留。单击【清除】按钮，可以删除这些数值，使其恢复为默认的状态。

当使用【裁剪】工具在画面中单击并拖出一个矩形裁剪框时，工具选项栏如图 6-22 所示。

图 6-22　工具选项栏

- ➢ 【裁剪区域】：如果图像中包含多个图层，或没有【背景】图层，则该选项可用。选中【删除】单选按钮，可删除被裁剪的区域；选择【隐藏】单选按钮，则被裁剪的区域将被隐藏。选择【图像】|【显示全部】命令，可以将隐藏的部分重新显示；另外，使用【移动】工具移动图像，也可以显示隐藏的部分。
- ➢ 【屏蔽】：选中该复选框，被裁剪的区域将被【颜色】选项内设置的颜色屏蔽；取消选中该复选框，则显示全部图像。
- ➢ 【颜色】：单击【颜色】选项内的颜色块，打开【拾色器】对话框设置屏蔽颜色。
- ➢ 【不透明度】：在该选项内可以调整屏蔽颜色的不透明度。
- ➢ 【透视】：选中该复选框，可以调整裁剪定界框的控制点。裁剪以后，可以对图像应用透视变换。

新世纪高职高专规划教材

【例6-4】使用【裁剪】工具裁剪图像文件

(1) 启动 Photoshop CS5 应用程序，选择【文件】|【打开】命令，选择打开图像文件，如图 6-23 所示。

(2) 选择工具箱中的【裁剪】工具，在图像中拖动，创建裁剪框，如图 6-24 所示。

<table>
<tr><td>图 6-23　打开图像文件</td><td>图 6-24　使用【裁剪】工具创建裁剪框</td></tr>
</table>

(3) 将光标放置在裁剪框的控制点上，当光标变为双向箭头时，拖动调整裁剪框大小。调整完成后，单击工具选项栏中的【提交当前裁剪操作】按钮✔️，应用裁剪，如图 6-25 所示。

图 6-25　应用裁剪

§6.3.2　使用裁剪命令

在 Photoshop 中，除了使用【裁剪】工具可以裁剪图像外，还可以使用菜单栏中的相应命令裁剪图像。

➢ 选择【图像】|【裁剪】命令，可以保留选区内的图像内容。

➢ 选择【图像】|【裁切】命令，可以通过裁切周围的透明像素或指定颜色的背景像素来裁剪图像。

➢ 选择【文件】|【自动】|【裁剪并修齐照片】命令是一项自动化功能，对于边界比较明显的图像进行裁剪、修正非常有用。

6.4 图像的变换

选定图像内容后，通过【编辑】|【自由变换】或【变换】命令子菜单中的相关命令，可以进行特定的变换操作，如缩放、旋转、斜切以及扭曲等。用户选择所需的操作命令，即可切换到该选择命令的操作状态。变换操作完成后，用户可以通过在定界框中双击或按键盘上Enter键的方式结束图像的变换操作。

> 【缩放】：选择该命令后，将只能进行自由调整图像大小的操作。如果通过定界框的角控制点调整图像的大小，并且在操作中同时按住 Shift 键，可以以等比例进行图像大小的缩放操作。

> 【旋转】：选择该命令后，将只能进行自由旋转图像方向的操作。

> 【斜切】：选择该命令后，如果移动光标至角控制点上，按下鼠标并拖动，可以在保持其他 3 个角控制点位置不变的情况下对图像进行倾斜变换操作。如果移动光标至边控制点上，按下鼠标并拖动，可以在保持与选择边控制点相对的定界框边不动的情况下进行图像倾斜变换操作。如图 6-26 所示。

图 6-26　斜切

> 【扭曲】：选择该命令后，可以任意拉伸定界框的 8 个控制点以进行扭曲变换操作。

> 【透视】：在拖动角手柄时，定界框会形成对称的梯形，如图 6-27 所示。

> 【变形】：选择该命令后，可对图像进行灵活自由的任意变形操作，如图 6-28 所示。

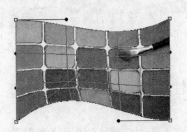

图 6-27　透视　　　　　　　　　　　　　图 6-28　变形

> 【旋转 180 度】、【旋转 90 度(顺时针)】、【旋转 90 度(逆时针)】：选择其中任意一个命令，可以按照指定的角度，顺时针或逆时针旋转图像。

> 【水平翻转】、【垂直翻转】：选择这两个命令，可以水平或垂直方向上翻转图像。如图 6-29 所示。

新世纪高职高专规划教材

图 6-29　水平翻转和垂直翻转

除此之外，在选定图层或选区内图像后，还可以选择【编辑】|【自由变换】命令。该命令可以用于在一个连续的操作中应用变换命令。选择【编辑】|【自由变换】命令，或按下 Ctrl+T 快捷键后，当前对象上会显示一个定界框。调整定界框的控制点并配合相应的按钮即可变换对象。

移动光标至定界框的控制点上，当光标显示为 ↔ ↕ ↗ ↘ 形状时，按下鼠标并拖动即可自由改变图像大小。如图 6-30 所示。

图 6-30　自由变换

移动光标至定界框外，当光标显示为 ↻ 形状时，按下鼠标并拖动即可进行自由旋转，如图 6-31 所示。在自由旋转操作过程中，图像的旋转会以定界框的中心点位置为旋转中心。

要设置定界框的中心点位置，只需移动光标至中心点上，当光标显示为 ▸⊕ 形状时，按下鼠标并拖动即可，如图 6-32 所示。按住 Ctrl 键可以随意更改控制点位置，对定界框进行自由扭曲变换，如图 6-33 所示。

图 6-31　旋转图像　　　　图 6-32　移动中心点　　　　图 6-33　自由扭曲变换

【例 6-5】使用【自由变换】命令，合并两幅图像文件。

(1) 在 Photoshop CS5 应用程序中，选择【文件】|【打开】命令，打开两幅图像文件，如图 6-34 所示。

(2) 选中风景图像，按 Ctrl+A 组合键全选图像，并按 Ctrl+C 组合键，复制选区内图像，然后选择另一幅图像文件，按 Ctrl+V 组合键，复制图像，如图 6-35 所示。

图 6-34 打开图像

(3) 按 Ctrl+T 组合键，应用【自由变换】命令，并配合 Ctrl 键调整贴入的图像，如图 6-36 所示。调整完成后，按 Enter 键，合并两幅图像。

图 6-35 拷贝、粘贴图像 　　　　　　　　　　图 6-36 应用自由变换调整贴入图像

6.5 还原、重做与恢复操作

在编辑图像的过程中，如果某一步的操作出现了失误或对创建的效果不满意，可以还原或恢复图像。

在进行图像处理时，最近一次所执行的操作步骤在【编辑】菜单的顶部显示为【还原操作步骤名称】。选择【编辑】|【还原】命令，或按下 Ctrl+Z 快捷键，可以立即撤销该操作步骤，此时，菜单命令会转换成【重做 操作步骤名称】。选择该命令也可以再次执行该操作。如图 6-37 所示。

图 6-37 执行还原、重做操作

【还原】命令只能还原一步操作，如果要连续还原，可选择【编辑】|【后退一步】命令，或连续按 Alt+Ctrl+Z 快捷键。如果要取消还原，可以连续选择【编辑】|【前进一步】命令，或连续按 Shift+Ctrl+Z 快捷键，逐步恢复被撤销的操作。

在图像处理过程中,如果执行过【存储】命令存储文件,那么选择【文件】|【恢复】命令可以将图像文件恢复至最近一次存储时的图像状态。

6.6 使用【渐隐】命令

当使用画笔、滤镜、填充、颜色调整或添加了图层效果等操作后,【编辑】菜单中的【渐隐】命令变为可用状态,通过该命令可以修改操作结果的透明度和混合模式。需要注意的是,【渐隐】命令必须在进行编辑操作后立即执行,如果其间进行了其他操作,则无法执行该命令。

【例6-6】使用【渐隐】命令调整图像效果。

(1) 启动 Photoshop CS5 应用程序,选择【文件】|【打开】命令,在【打开】对话框中选择打开一幅图像文件,双击【背景】图层,在打开的【新建图层】对话框中单击【确定】按钮,如图 6-38 所示。

(2) 选择工具箱中的【矩形选框】工具,在工具选项栏中单击【从选区减去】按钮,在图像画面中创建选区,如图 6-39 所示。

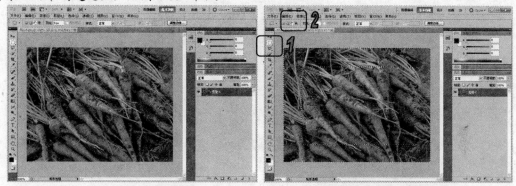

图 6-38　打开图像　　　　　　　　　图 6-39　创建选区

(3) 选择【滤镜】|【画笔描边】|【成角的线条】命令,打开【成角的线条】对话框,设置【方向平衡】为 87,【描边长度】为 14,【锐化程度】数值为 8,单击【确定】按钮,如图 6-40 所示。

(4) 选择【编辑】|【渐隐成角的线条】命令,打开【渐隐】对话框,设置【不透明度】为 50%,【模式】为【正片叠底】,然后单击【确定】按钮,并按 Ctrl+D 快捷键取消选区。如图 6-41 所示。

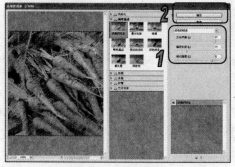

图 6-40　应用滤镜　　　　　　　　　图 6-41　应用渐隐

新世纪高职高专规划教材

6.7 用【历史记录】面板还原操作

在编辑图像时，用户的每一步操作，都会被 Photoshop 记录在【历史记录】面板中。通过该面板可以将图像恢复到操作过程中的某一状态，也可以再次回到当前的操作状态，还可以将处理结果创建为快照或新的文件。

§ 6.7.1 【历史记录】面板

在图像处理过程中，每一步操作都会记录在【历史记录】面板中。选择菜单栏中的【窗口】|【历史记录】命令，打开【历史记录】面板，如图 6-42 所示。

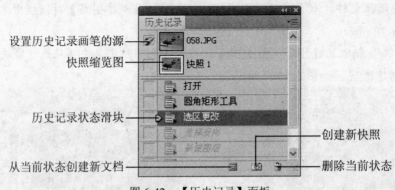

图 6-42 【历史记录】面板

> 设置历史记录画笔的源 ：使用【历史记录画笔】工具时，该图标所在的位置将作为历史画笔的源图像。
> 快照缩览图：被记录为快照的图像状态。
> 当前状态：将图像恢复到该命令的编辑状态。
> • 从当前状态创建新文档 ：基于当前操作步骤中图像的状态创建一个新的文件。
> • 创建新快照 ：基于当前的图像状态创建快照。
> • 删除当前状态 ：选择一操作步骤后，单击该按钮可将该步骤及后面的操作删除。

§ 6.7.2 用【历史记录】面板还原图像

在 Photoshop 中，打开一幅图像文件后，【历史记录】面板顶部会显示文档初始状态的快照。新操作步骤状态将被添加到列表的底部。每个状态都会与更改图像所使用的工具或命令的名称一起列出。默认情况下，【历史记录】面板将列出 20 个操作状态。可以通过设置【首选项】来更改记录的状态数。关闭并重新打开文档后，将从面板中清除上前一次编辑处理中的所有状态和快照。

默认情况下，当选择某个状态时，它下面的各个状态将呈灰色，并消除后面的编辑状态。需要注意的是，要还原被撤销的操作步骤，只需要单击连续操作步骤中位于最后的操作步骤，即可将其前面的所有操作步骤(包括单击的该操作步骤)还原。但还原被撤销操作步骤的前提是在撤销该操作步骤后不执行其他新的操作步骤，否则无法恢复被撤销的操作步骤。

 提示 ……………………………………………………………………………………………

在 Photoshop 中对面板、颜色设置、动作和首选项做出的更改不会被记录在【历史记录】面板中。

【例6-7】 使用【历史记录】面板还原图像。

(1) 启动 Photoshop CS5 应用程序，选择【文件】|【打开】命令，在【打开】对话框中选择打开一幅图像文件。选择【窗口】|【历史记录】命令，打开【历史记录】面板，如图 6-42 所示。

图 6-43　打开图像及【历史记录】面板

(2) 选择【滤镜】|【像素化】|【点状化】命令，打开【点状化】对话框，设置【单元格大小】为 35，然后单击【确定】按钮，应用滤镜，同时该动作被记录到【历史记录】面板中，如图 6-44 所示。

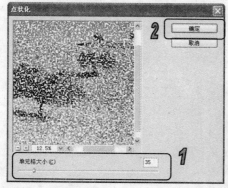
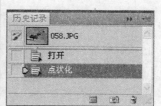

图 6-44　使用滤镜

(3) 在【历史记录】面板中，单击【打开】操作，可将图像恢复到打开时的状态，如图 6-45 所示。

新世纪高职高专规划教材

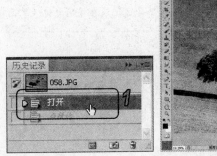

图 6-45　恢复图像

§ 6.7.3　用快照还原图像

　　【历史记录】面板中保存的操作步骤默认为 20 步，而在编辑过程中一些操作需要更多的步骤才能完成。这种情况下，用户可以将完成的重要步骤创建为快照。快照实际上是图像处理过程中的某个图像的操作状态。当操作发生错误时，可以单击某一阶段的快照，将图像恢复到该状态，以弥补历史记录保存数量的局限。创建快照后，不管进行多少操作步骤，均不会对创建的快照产生任何影响。

　　【例 6-8】使用【历史记录】面板中的【快照】恢复图像。

　　(1) 启动 Photoshop CS5 应用程序，选择【文件】|【打开】命令，在【打开】对话框中选择打开一幅图像文件。选择【窗口】|【历史记录】命令，打开【历史记录】面板，如图 6-46 所示。

　　(2) 选择【图像】|【调整】|【色阶】命令，打开【色阶】对话框，设置输入色阶数值为16、0.92、201，然后单击【确定】按钮，调整图像，如图 6-47 所示。

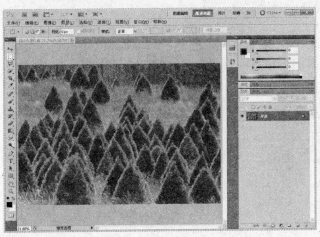

图 6-46　打开图像文件及【历史记录】面板

新世纪高职高专规划教材

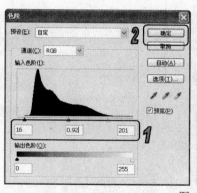 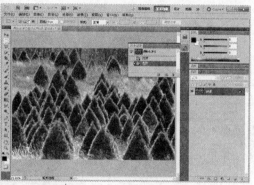

图6-47 调整图像

(3) 在【历史记录】面板中，单击【创建新快照】按钮，创建【快照1】，如图6-48所示。

(4) 选择工具箱中的【矩形选框】工具，在工具选项栏中单击【从选区减去】按钮，在图像画面中创建选区，如图6-49所示。

 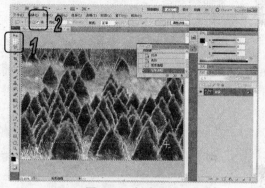

图6-48 创建快照1　　　　　　　　　图6-49 创建选区

(5) 选择【选择】|【修改】|【羽化】命令，打开【羽化选区】对话框，设置【羽化半径】为50像素，然后单击【确定】按钮，设置羽化，如图6-50所示。

(6) 选择【滤镜】|【扭曲】|【扩散亮光】命令，设置【粒度】为9，【发光量】为15，【消除数量】为5，然后单击【确定】按钮，如图6-51所示，并按Ctrl+D组合键取消选区。

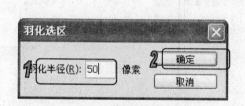 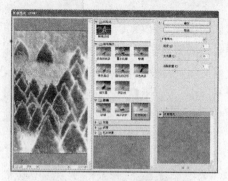

图6-50 设置羽化　　　　　　　　　图6-51 应用滤镜

(7) 在【历史记录】面板中，单击【快照1】，可将图像恢复到快照1的状态，如图6-52所示。

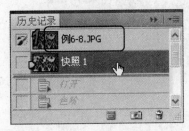
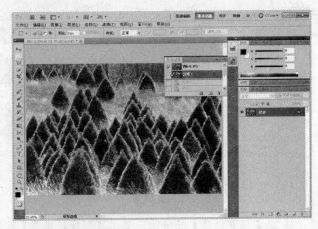

图 6-52　将图像恢复到快照 1

§ 6.7.4　删除快照

在【历史记录】面板中，选择要删除的快照，然后选择面板菜单中的【删除】命令，或单击【删除当前状态】按钮 🗑，弹出提示对话框，单击【是】按钮，即可删除选中的快照，如图 6-53 所示。

图 6-53　删除选中的快照

§ 6.7.5　创建非线性历史记录

默认情况下，删除【历史记录】面板中的某个操作步骤后，该操作步骤下方的所有操作步骤均会被同时删除。如果要单独删除某一操作步骤，可以单击【历史记录】面板右上角的面板菜单按钮，从弹出的菜单中选择【历史记录选项】命令，打开【历史记录选项】对话框。在该对话框中，选中【允许非线性历史记录】复选框，即可单独删除某一操作步骤，而不会影响其他操作步骤，如图 6-54 所示。

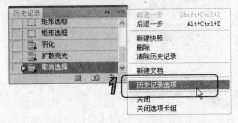
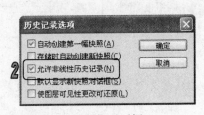

图 6-54　选择【历史记录选项】命令及【历史记录选项】对话框

6.8 清理内存

在处理图像时，Photoshop 需要保存大量的数据，从而造成计算机的速度变慢，选择【编辑】|【清理】命令子菜单，可释放由【还原】命令、【历史记录】面板或剪贴板占用的内存，以加快系统的处理速度。清理后，选项的名称会显示为灰色。选择【全部】命令，可以清理所有内容。

6.9 上机实战

本章的上机实战主要练习拼合图像效果，使用户更好地掌握创建选区，拷贝以及粘贴图像等基本操作方法和技巧。

(1) 在 Photoshop CS5 应用程序中，选择【文件】|【打开】命令，打开两幅图像文件，如图 6-55 所示。

(2) 选中图案图像文件，选择【工具】面板中的【魔棒】工具，在图像的白色区域中单击选取选区。选择【选择】|【反向】命令，选取区域。如图 6-56 所示。

图 6-55 打开图像

图 6-56 选取选区

(3) 按 Ctrl+C 快捷键，拷贝选区内的图像，然后选择另一幅图像文件，按 Ctrl+V 快捷键粘贴选取的图像，如图 6-57 所示。

图 6-57 拷贝、粘贴图像

图 6-58 应用【自由变换】命令

(4) 按 Ctrl+T 快捷键，应用【自由变换】命令，放大贴入的图像大小，如图 6-58 所示，然后按 Enter 键应用。

(5) 选择【编辑】|【变换】|【变形】命令，显示控制柄，并根据图像调整变形，然后按 Enter 键，应用变形，并在【图层】面板中设置图层混合模式为【颜色加深】，如图 6-59 所示。

图 6-59　变形图像

6.10　习题

1. 打开任意两幅图像文件，使用【贴入】命令拼合图像效果。
2. 打开任意图像文件，使用选区工具创建选区，并使用【移动】工具移动并复制图像。

第 7 章

绘制图形及路径

 主要内容　在 Photoshop 中，路径可以用来创建较为复杂的图形或选区，在图像设计应用中非常重要。本章主要介绍在 Photoshop CS5 中创建路径、编辑调整路径的操作方法。

本章重点

➤ 了解绘图模式　　　　　➤ 路径的运算方法

➤ 绘制图形　　　　　　　➤ 选取路径

➤ 绘制路径　　　　　　　➤ 【路径】面板

7.1 了解路径与锚点的特征

　　路径是可以转换为选区或者使用颜色填充和描边以定义形状轮廓，它包括开放路径和闭合路径两种。由于路径是矢量对象，不包含像素，因此，没有进行填充或描边处理的路径是不能被打印出来的。

　　路径由直线路径段或曲线路径段组成，它们通过锚点连接，如图 7-1 所示。与选区不同的是，可以很容易地改变路径的形状与位置。

　　路径组成的核心是贝塞尔曲线，贝塞尔曲线是指由锚点、方向线与方向点组建的曲线，它的两个端点称为锚点，两个锚点间的曲线部分称为线段。多条贝塞尔曲线之间通过锚点相互连接。而通过选择任意的锚点并拖动，可以显示出【方向线】与【方向点】，它们用于控制线段的弧度与方向。如图 7-2 所示。

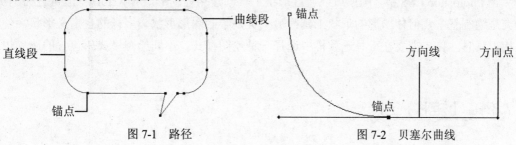

图 7-1　路径　　　　　　　　　　　　图 7-2　贝塞尔曲线

7.2　了解绘图模式

Photoshop 中的钢笔和形状等矢量工具可以创建不同类型的对象，包括形状图层、路径和填充像素。在使用矢量工具开始绘图之前，需要在【矩形】工具选项栏中按下相应的按钮，选择一种绘图模式。选取的绘图模式将决定是在当前图层上方创建形状图层，或是创建工作路径，还是创建填充图形。【矩形】工具选项栏如图 7-3 所示。

图 7-3　【矩形】工具选项栏

> 【形状图层】：单击该按钮，可以创建形状图层。如图 7-4 所示。形状图层包含使用前景色或所选样式填充的填充图层，以及定义形状轮廓的矢量蒙版。形状轮廓出现在【路径】面板中。

> 【路径】：单击该按钮，可以创建工作路径。如图 7-5 所示。工作路径是显示在【路径】面板中的临时路径，用于定义形状轮廓。创建工作路径后，可以使用它来创建选区和矢量蒙版，或者使用颜色填充和描边路径以创建栅格图形。

图 7-4　形状图层

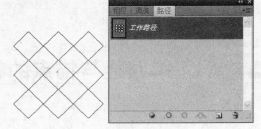

图 7-5　路径

> 【填充像素】：单击该按钮，可以直接在当前图层上绘制栅格化图形。在此模式下工作，创建的是栅格图像，而不是矢量图形。可以像处理栅格图像一样处理绘制的形状，但该模式只能用于形状工具。

7.3　绘制图形

在 Photoshop CS5 中，用户可以通过形状工具创建路径图形。形状工具一般可分为两类：一类是绘制基本几何体图形的形状工具；另一类是绘制图形形状较多样的自定义形状。使用形状工具时，首先需要在工具选项栏中选择一种绘图模式，不同绘图模式所包含的选项也有所不同。

§7.3.1　【矩形】工具

【矩形】工具可以用来绘制矩形和正方形。选择该工具后，单击并拖动鼠标可以创建矩

新世纪高职高专规划教材

形。另外，单击【矩形】工具选项栏中 按钮，可以打开如图 7-6 所示的【矩形选项】对话框，设置矩形的创建方法。

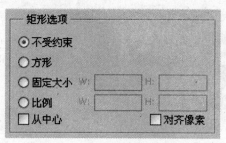

图 7-6 【矩形选项】对话框

> 【不受约束】单选按钮：选中该单选按钮，可以根据任意尺寸比例创建矩形图形。
> 【方形】单选按钮：选中该单选按钮，会创建正方形图形。
> 【固定大小】单选按钮：选中该单选按钮，会按该选项右侧的 W 与 H 文本框设置的宽、高尺寸创建矩形图形。
> 【比例】单选按钮：选中该单选按钮，会按该选项右侧的 W 与 H 文本框设置的长、宽比例创建矩形图形。
> 【从中心】：选中该复选框创建矩形时，鼠标在画面中的单击点即为矩形的中心，拖动鼠标时矩形将由中心向外扩展。
> 【对齐像素】：选中该复选框，矩形的边缘与像素的边缘重合，图形的边缘不会出现锯齿。取消选中该复选框，矩形边缘会出现模糊的像素。

§ 7.3.2 【圆角矩形】工具

【圆角矩形】工具用于创建圆角矩形。其使用方法及选项设置都与【矩形】工具及其选项相同，只是在选项栏中增加了【半径】选项，如图 7-7 所示。【半径】选项用于设置圆角半径，该数值越大，圆角越大。

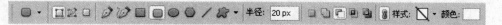

图 7-7 【圆角矩形】工具

【例 7-1】使用形状工具，为图像添加圆角边框。

(1) 启动 Photoshop CS5 应用程序，选择【文件】|【打开】命令，选择打开一幅图像文件，如图 7-8 所示。

(2) 选择工具箱中的【矩形】工具，在工具选项栏中单击【形状图层】按钮，并按 Shift+X 组合键，切换前景色和背景色，然后使用【矩形】工具，在图像中创建形状图层，如图 7-9 所示。

(3) 选择【圆角矩形】工具，在工具选项栏中单击【从形状区域减去】按钮，并设置【半径】为 20px，然后使用【圆角矩形】工具，在图像中拖动，如图 7-10 所示。

新世纪高职高专规划教材

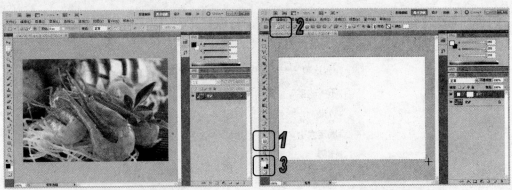

图 7-8　打开图像　　　　　　　　　　图 7-9　创建形状图层

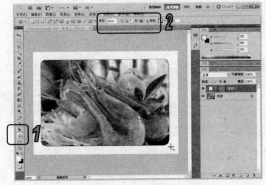

图 7-10　绘制圆角矩形

提示

　　按住 Shift 键拖动可以创建正方形；按住 Alt 键拖动会以单击点为中心向外创建矩形；按住 Shift+Alt 键会以单击点为中心向外创建正方形。

§7.3.3　【椭圆】工具

　　【椭圆】工具用来创建椭圆形和圆形。选择该工具后，单击并拖动鼠标可以创建椭圆形；按住 Shift 键拖动则可以创建圆形，如图 7-11 所示。

图 7-11　使用【椭圆】工具创建椭圆形和圆形

　　【椭圆】工具的选项及创建方法与【矩形】工具基本相同，用户可以创建不受约束的椭圆和圆形，也可以创建固定大小和固定比例的椭圆和圆形图形。【椭圆选项】中的【圆(绘制直径或半径)】单选按钮，可以以直径或半径方式创建圆形图形，如图 7-12 所示。

图 7-12　【椭圆】工具选项栏和【椭圆选项】对话框

§ 7.3.4　【多边形】工具

【多边形】工具用来创建多边形和星形。选择该工具后，首先要在工具选项栏中设置多边形或星形的边数，范围为 3~100。单击【多边形】工具选项栏中的 ˇ 按钮，打开一个【多边形选项】面板，在面板中可以设置多边形的各个选项，如图 7-13 所示。

图 7-13　【多边形】工具选项栏

➢ 【半径】数值框：用于设置多边形外接圆的半径。设置该参数数值后，会按所设置的固定尺寸在图像文件窗口中创建多边形图形。

➢ 【平滑拐角】复选框：用于设置是否对多边形的夹角进行平滑处理，即使用圆角代替尖角。

➢ 【星形】复选框：选中该复选框，会对多边形的边进行缩进，使其转变成星形。如图 7-14 所示。

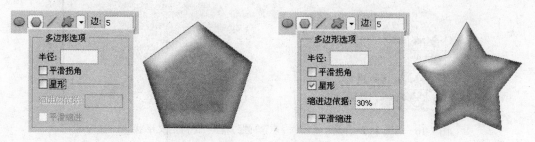

图 7-14　绘制星形

➢ 【缩进边依据】文本框：该文本框在启用【星形】复选框后变为可用状态。它用于设置缩进边的百分比数值。

➢ 【平滑缩进】复选框：该复选框在启用【星形】复选框后变为可用状态。它用于设置是否在绘制星形时对其内夹角进行平滑处理。

新世纪高职高专规划教材

§ 7.3.5 【直线】工具

【直线】工具用于创建直线和带有箭头的线段。选择该工具后，单击并拖动鼠标可以创建直线或带有箭头的线段，按住 Shift 键可以创建水平、垂直或以 45°角为增量的直线。其工具选项栏中包含了设置直线粗细的选项，其下拉面板中还包含了设置箭头的选项，如图 7-15 所示。

图 7-15 【直线】工具选项栏

> 【起点】、【终点】：选中【起点】复选框，可在直线的起点添加箭头；选中【终点】复选框，可在直线的终点添加箭头。
> 【宽度】：用于设置箭头宽度与直线宽度的百分比，范围为 10%~1000%。
> 【长度】：用于设置箭头长度与直线宽度的百分比，范围为 10%~5000%。
> 【凹度】：用于设置箭头的凹陷程度，范围为-50%~50%。该值为 0%时，箭头尾部平齐；该值大于 0%时，箭头尾部向内凹陷；该值小于 0%时，箭头尾部向外凸出。

§ 7.3.6 【自定义形状】工具

使用【自定义形状】工具可以创建 Photoshop 预设的形状、自定义的形状或外部提供的形状。选择该工具后，单击工具选项栏中的 ▾ 按钮，在打开的形状下拉面板中选择一种形状，然后单击并拖动鼠标即可创建该图形，如图 7-16 所示。如果要保持形状的比例，可以按住 Shift 键绘制图形。如果要使用其他方法创建图形，可以在【自定义形状选项】面板中设置，如图 7-17 所示。

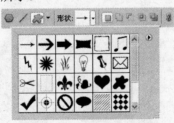

图 7-16 【形状】面板

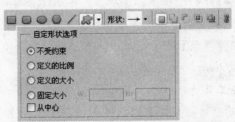

图 7-17 【自定义形状选项】面板

默认情况下，【形状】面板中只包含了少量的形状，而 Photoshop 提供的其他形状需要载入才能使用。单击【形状】面板右上角的 ▸ 按钮，打开面板菜单。菜单的底部显示了 Photoshop 所有预设形状库名称。选择一个形状库后，会弹出提示对话框，单击【确定】按钮，载入的形状将替换面板中原有的形状；单击【追加】按钮，可以在原有形状的基础上添加载入的形状；单击【取消】按钮，可以取消操作，如图 7-18 所示。

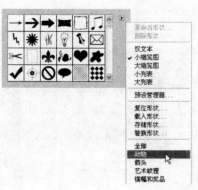

图 7-18 载入形状库

【例 7-2】使用形状工具添加图像效果。

(1) 启动 Photoshop CS5 应用程序，选择【文件】|【打开】命令，选择打开一幅图像文件，如图 7-19 所示。

(2) 选择工具箱中的【自定义形状】工具，并单击【切换前景色和背景色】按钮，并在工具选项栏中，单击【形状图层】按钮，然后单击【形状】下拉列表右侧的 按钮，打开【形状】下拉面板，如图 7-20 所示。

图 7-19 打开图像文件　　　　　　　图 7-20 选择形状工具

(3) 在打开的形状下拉面板中，单击 按钮，在弹出的菜单中选择【全部】命令，然后在弹出的提示对话框中单击【追加】按钮，如图 7-21 所示。

(4) 在【形状】下拉面板中选择一种形状样式，然后按 Shift 键，使用【自定义形状】工具在图像中拖动，如图 7-22 所示。

(5) 在工具选项栏中，单击【添加到形状区域】按钮，继续使用【自定义形状】工具在图像中拖动创建。然后在【图层】面板中，设置【不透明度】为 45%，如图 7-23 所示。

图 7-21 载入形状库

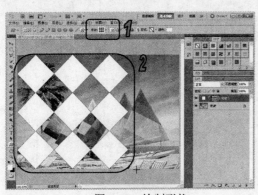
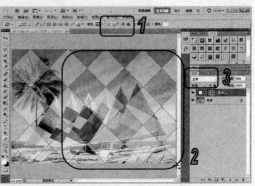

图 7-22　绘制形状　　　　　　　　　　　图 7-23　调整图像

7.4　绘制路径

在 Photoshop CS5 中，除了可以使用形状工具绘制路径外，还可以使用【钢笔】工具、或使用【自由钢笔】工具绘制更为复杂的路径。

§ 7.4.1　【钢笔】工具

【钢笔】工具是 Photoshop 中最为有用的绘图工具之一，可以用它绘制出直线或曲线路径，还可以在绘制路径过程中对路径进行编辑。

【例 7-3】使用【钢笔】工具，绘制路径。

(1) 启动 Photoshop CS5 应用程序，选择【文件】|【打开】命令选择打开一幅图像文件，如图 7-24 所示。

(2) 选择【工具】面板中的【钢笔】工具，并在工具选项栏中单击【路径】按钮，然后在图像上单击，绘制出第一个锚点。在线段结束的位置再次单击，确定线段的终点。此时，两点间用直线连接，两个锚点都是小方块，第一个是空心的，第二个是实心的。实心的小方块表示当前正在编辑的锚点。依次在画布上单击，确定锚点位置，如图 7-25 所示。

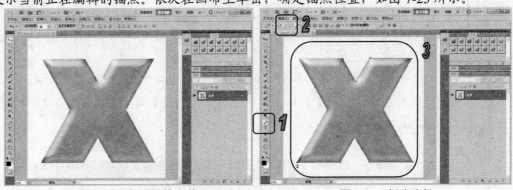

图 7-24　打开图像文件　　　　　　　　　图 7-25　创建路径

(3) 当钢笔图标旁出现圆圈时，单击鼠标即可闭合路径，同时在【路径】面板中生成【工作路径】，如图 7-26 所示。

新世纪高职高专规划教材

图 7-26　闭合路径

技巧

在【钢笔】工具的选项栏中单击【自定义形状】按钮右侧的下拉箭头，打开【钢笔选项】对话框。在该对话框中，如果选中【橡皮带】复选框，将可以在创建路径过程中直接自动产生连接线段，而不是单击创建锚点后才在两个锚点间创建线段。

§ 7.4.2　【自由钢笔】工具

【自由钢笔】工具可以用来绘制比较随意的路径，其使用方法与套索工具相似，选择该工具后，在画面中单击并拖动鼠标即可沿光标移动的轨迹绘制路径，Photoshop 会自动为路径添加锚点。

选择【自由钢笔】工具后，在工具选项栏中选择【磁性的】选项，可将【自由钢笔】工具转换为【磁性钢笔】工具。【磁性钢笔】与【磁性套索】工具的使用方法相似，如图 7-27所示。在使用时，只需在对象边缘单击，然后沿对象边缘拖动即可创建路径。在绘制时，可按下 Delete 键删除锚点，双击鼠标则可以闭合路径。

图 7-27　使用【磁性钢笔】工具

单击工具选项栏中的·按钮，可打开如图 7-28 所示的【自由钢笔选项】下拉面板。【曲线拟合】和【钢笔压力】是【自由钢笔】工具和【磁性钢笔】工具的共同选项，【磁性的】复选框用于控制磁性钢笔工具。

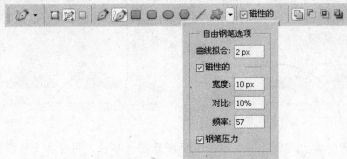

图 7-28　【自由钢笔】工具选项栏

新世纪高职高专规划教材

> 【曲线拟合】：控制最终路径对鼠标或压感笔移动的灵敏度，该值越高，生成的锚点越少，路径也越简单。

> 【磁性的】：选中【磁性的】复选框，可激活下面的设置参数。【宽度】用于设置磁性钢笔工具的检测范围，该值越高，工具的检测范围就越广；【对比】用于设置工具对图像边缘的敏感度，如果图像边缘与背景的色调比较接近，可将该值设置的大些；【频率】用于确定锚点的密度，该值越高，锚点的密度越大。

> 【钢笔压力】：如果电脑配置有数位板，则可以选择【钢笔压力】复选框，根据用户使用光笔时在数位板上的压力大小来控制检测宽度，钢笔压力的增加会使工具的检测宽度减小。

§ 7.4.3　添加、删除锚点工具

通过使用【工具】面板中的【添加锚点】工具和【删除锚点】工具，可以很方便地增加或删除路径中的锚点。

使用【添加锚点】工具在路径上单击，可以添加一个锚点，使用【删除锚点】工具单击路径上的锚点，可以删除该锚点，如图 7-29 所示。

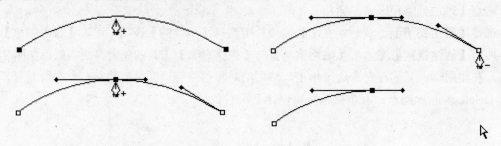

图 7-29　添加、删除锚点

如果在【钢笔】工具的工具选项栏中选择了【自动添加/删除】选项，则当使用【钢笔】工具在路径上单击时，可以添加一个锚点；在锚点上单击，可以删除一个锚点。

§ 7.4.4　转换点工具

使用【工具】面板中的【转换点】工具可以改变路径中锚点的类型。

> 使用【转换点】工具单击路径上任意锚点，可以直接转换该锚点的类型为直角点。如图 7-30 所示。

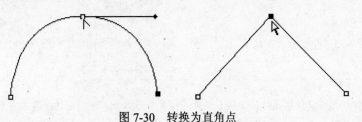

图 7-30　转换为直角点

➢ 使用【转换点】工具在路径的任意锚点上单击并拖动鼠标，可以改变该锚点的类型为平滑点。如图 7-31 所示。

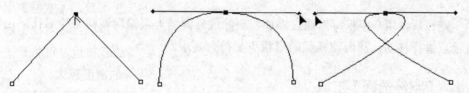

图 7-31　转换为平滑点

7.5　路径的运算方法

使用【钢笔】工具或形状工具创建多个形状时，可以在工具选项栏按下相应的按钮，以确定各形状重叠区域的效果。选择【钢笔】工具或形状工具后，在工具选项栏中按下【路径】按钮，可显示路径运算按钮，如图 7-32 所示。

图 7-32　路径运算按钮

➢ 【添加到路径区域】按钮 ：单击该按钮，新绘制的路径会添加到现有的路径中，如图 7-33 所示。

➢ 【从路径区域减去】按钮 ：单击该按钮，将从现有的路径中减去新绘制的路径，如图 7-34 所示。

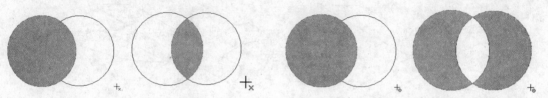

图 7-33　新绘制的路径添加到现有路径区域　　图 7-34　从现有路径区域减去新绘制的路径

➢ 【交叉路径区域】按钮 ：单击该按钮，得到的路径为新绘制路径与原有路径的交叉区域，如图 7-35 所示。

➢ 【重叠路径区域除外】按钮 ：单击该按钮，得到的路径为合并路径中排除重叠的区域，如图 7-36 所示。

图 7-35　交叉路径区域　　　　　　　　　图 7-36　重叠路径区域除外

技巧

创建路径后，也可以使用【路径选择】工具选择多个子路径，然后通过工具选项中的【组合】按钮合并重叠的路径组件。

新世纪高职高专规划教材

7.6 选取路径

绘制路径后，用户不仅可以通过添加、删除或转换锚点来编辑调整路径形状，还可以对路径、锚点进行移动，从而使路径的形状更加符合要求。

§ 7.6.1 【路径选择】工具

使用【路径选择】工具可以选择和移动整个路径。选择【工具】面板中的【路径选择】工具，将光标移动到路径中单击，即可选中整个路径，拖动鼠标便可以移动路径。如果在移动的同时按住 Alt 键不放，可以复制路径，如图 7-37 所示。

要同时选择多余路径，可以在选择时按住 Shift 键，或者在图像文件窗口中单击并拖动鼠标，通过框选来选择所需要的路径。

图 7-37　使用【路径选择】工具选择和移动路径

§ 7.6.2 【直接选择】工具

使用【直接选择】工具，不仅可以调整整个路径位置，而且还可以对路径中的锚点位置进行调整。要想调整锚点位置，只需选择【直接选择】工具，然后在需要操作的锚点上单击并拖动鼠标，移动其至所需位置，然后释放鼠标即可，如图 7-38 所示。要对整个路径进行位置调整，只需选择该路径上的所有锚点，然后在路径的任意位置上单击并拖动鼠标，拖动到适当的位置时释放鼠标，即可实现路径的整体移动。

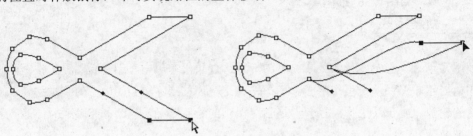

图 7-38　使用【直接选择】工具移动路径

7.7　【路径】面板

选择【窗口】|【路径】命令，在 Photoshop 工作界面中显示【路径】面板，如图 7-39 所示。通过该面板及其面板控制菜单，用户可以对图像文件窗口中的路径进行填充、描边、选取及保存等操作，并且可以在选区和路径之间进行相互转换操作。

通过【路径】面板底部的 6 个按钮，用户可以更方便地编辑路径。这些按钮与【路径】面板的控制菜单中的相关命令作用相同，它们的主要功能如下。

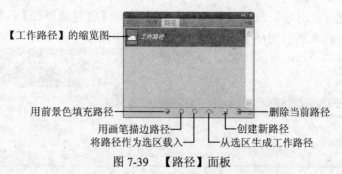

图 7-39　【路径】面板

> 【用前景色填充路径】按钮：单击该按钮，可以使用【工具】面板中的前景色对路径内部区域进行着色处理。此处，选择【路径】面板扩展菜单中的【填充路径】命令，同样可以实现该操作。

> 【用画笔描边路径】按钮：单击该按钮，可以沿着路径的边缘按画笔设置的样式进行描绘。与选择面板控制菜单中的【描边路径】命令具有相同的作用。

> 【将路径作为选区载入】按钮：单击该按钮，可以将当前图像文件窗口中的路径转换为选区。

> 【从选区生成工作路径】按钮：单击该按钮，可以将当前图像文件窗口中的选区转换为路径。

> 【创建新路径】按钮：单击该按钮，可以在【路径】面板中创建新的路径层。

> 【删除当前路径】按钮：单击该按钮，可以从【路径】面板中删除选择的路径层，同时删除该路径层中所保存的路径。

§ 7.7.1　新建路径

使用【钢笔】工具或形状工具绘制图形时，如果没有单击【创建新路径】按钮而直接绘制，那么创建的路径就是工作路径。工作路径是出现在【路径】面板中的临时路径，用于定义形状的轮廓。由于【工作路径】层是临时保存的绘制路径，在绘制新路径时，原有的工作路径将被替代。

在【路径】面板底部单击【创建新路径】按钮，即可在【工作路径】层的上方创建一个新的路径层，用户可以在该路径中绘制新的路径。新绘制的路径对【工作路径】层中的路径没有影响。如图 7-40 所示。

新世纪高职高专规划教材

图 7-40　创建新路径

如果要在新建路径时设置路径名称，按住 Alt 键单击【创建新路径】按钮，在打开的【新建路径】对话框中输入路径图层名称即可。如图 7-41 所示。

图 7-41　新建路径并设置路径名称

§ 7.7.2　复制、删除、重命名路径

用户可以在【路径】面板中对已创建的路径进行复制、删除或重命名。在【路径】面板中将路径拖至【创建新路径】按钮上，可以复制该路径，如图 7-42 所示。

图 7-42　复制路径

如果要复制并重命名路径，选择路径，然后选择面板菜单中的【复制路径】命令，在打开【复制路径】对话框中输入新路径的名称即可，如图 7-43 所示。

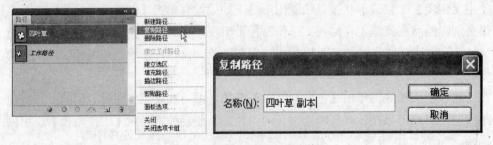

图 7-43　复制并重命名路径

要删除图像文件中不需要的路径,可以通过【路径选择】工具选择该路径,然后直接按
Delete 键删除。要删除整个路径层中的路径,在【路径】面板中选择该路径层,再拖动其至
【删除当前路径】按钮上释放鼠标,即可删除整个路径层。用户也可以通过选择【路径】面
板的控制菜单中的【删除路径】命令实现此项操作。

§ 7.7.3 选区和路径的转换

在 Photoshop 中,除了使用【钢笔】工具或形状工具创建路径外,还可以通过图像文件
窗口中的选区来创建路径。要想通过选区来创建路径,用户只需在创建选区后单击【路径】
面板底部的【从选区生成工作路径】按钮 ,即可将选区转换为路径,如图 7-44 所示。

在 Photoshop 中,不但能够将选区转换为路径,而且还能够将所选路径转换为选区进行
处理。要转换绘制的路径为选区,可以选择【路径】面板中的【将路径作为选区载入】按钮 ,
如图 7-45 所示。如果操作的路径是开放路径,那么在转换为选区的过程中,Photoshop 会自
动将该路径的起始点和终止点接在一起,从而形成封闭的选区范围。

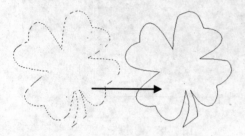

图 7-44 将选区转换为路径

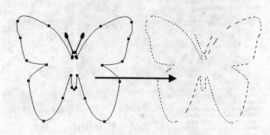

图 7-45 将选路径转换为选区

使用【路径】面板菜单中的【建立选区】命令将路径转换为选区时,选择该命令,在打
开的【建立选区】对话框中,可以设置选区的羽化半径、是否消除锯齿等参数选项,如图 7-46
所示。

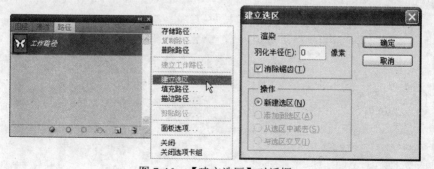

图 7-46 【建立选区】对话框

§ 7.7.4 填充、描边路径

创建路径后,通过以下 3 种方法填充或描边路径可以将路径变成图形。

➢ 在路径层中右击,在弹出的菜单中选择【填充路径】或【描边路径】命令。

> 在【路径】面板中，单击【用前景色填充路径】 按钮或【用画笔描边路径】按钮 。按住 Alt 键，单击【用前景色填充路径】 按钮或【用画笔描边路径】按钮 ，可以打开相应的设置对话框。

> 单击【路径】面板的扩展菜单按钮，从弹出的菜单中选择【填充路径】或【描边路径】命令。

【例 7-4】使用填充、描边路径操作修饰图像。

(1) 启动 Photoshop CS5 应用程序，选择【文件】|【打开】命令，选择打开一幅图像文件，如图 7-47 所示。

(2) 在工具箱中选择【自定义形状】工具，并在工具选项栏中单击【路径】按钮和【添加到路径区域】按钮，在【形状】下拉列表中选择一种形状样式，在图像文件中创建路径，如图 7-48 所示。

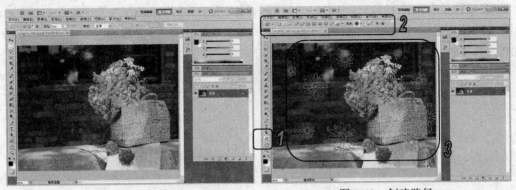

图 7-47　打开图像　　　　　　　图 7-48　创建路径

(3) 在【路径】面板中，打开面板菜单，并选择【填充路径】命令，打开【填充路径】对话框。在【使用】下拉列表中选择【背景色】选项，设置【不透明度】为 80%，然后单击【确定】按钮，如图 7-49 所示。

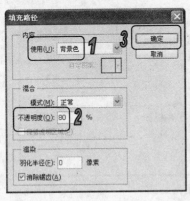

图 7-49　填充路径

(4) 单击【创建新路径】按钮，选择工具箱中的【矩形】工具按钮，在工具选项栏中单击【路径】按钮，然后使用【矩形】工具，在图像中创建路径，如图 7-50 所示。

(5) 按 Shift+X 组合键切换前景色和背景色,在【路径】面板中单击【用画笔描边路径】按钮 ⃝ ,描边路径,如图 7-51 所示。

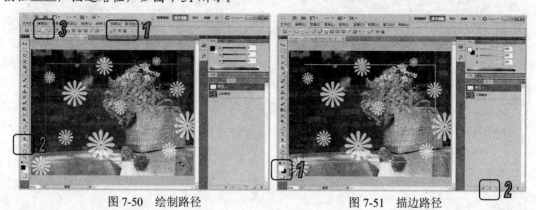

图 7-50 绘制路径　　　　　　　　　　图 7-51 描边路径

7.8 上机实战

本章的上机实战主要练习在图像文件中填充描边路径。使用户更好地掌握创建路径、填充路径及描边路径等基本操作方法和技巧。

(1) 在 Photoshop CS5 应用程序中,选择【文件】|【打开】命令,打开一幅图像文件。如图 7-52 所示。

(2) 选择菜单栏中的【图像】|【调整】|【色阶】命令,打开【色阶】对话框,设置【输入色阶】数值为 27、1.20、255,然后单击【确定】按钮,应用该命令。如图 7-53 所示。

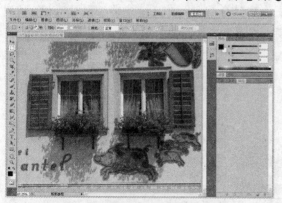
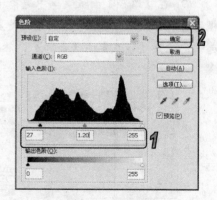

图 7-52 打开图像　　　　　　　　　　图 7-53 调整图像

(3) 选中【圆角矩形】工具,在选项栏中单击【路径】按钮,设置【半径】为 80px,然后使用【圆角矩形】工具在图像文件中绘制。如图 7-54 所示。

(4) 选择【画笔】工具,按 Shift+X 组合键切换前景色和背景色,然后在选项栏中选中画笔样式。在【路径】面板中,单击【用画笔描边路径】按钮,描边路径,如图 7-55 所示。

(5) 单击【创建新路径】按钮,创建【路径 1】,选择【矩形】工具,在工具选项栏中单击【路径】按钮,在图像中创建路径,如图 7-56 所示。

新世纪高职高专规划教材

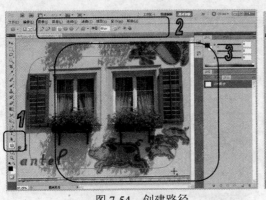
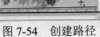

图 7-54　创建路径　　　　　　　　　　　　　　图 7-55　描边路径

(6) 选择【圆角矩形】工具，在工具选项栏中单击【从路径区域减去】按钮，在图像中创建路径，如图 7-57 所示。

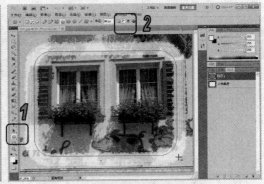

图 7-56　绘制路径　　　　　　　　　　　　　　图 7-57　绘制路径

(7) 在【路径】面板菜单中选择【填充】路径命令，打开【填充路径】对话框。在对话框的【使用】下拉列表中选择【图案】选项，在【自定义图案】下拉列表中选择【鱼眼棋盘】选项，设置【模式】为【叠加】，然后单击【确定】按钮，如图 7-58 所示。

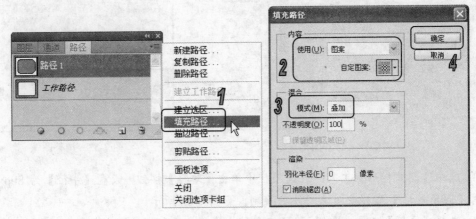

图 7-58　填充路径

(8) 再次选择【路径】面板菜单中的【填充路径】命令，打开【填充路径】对话框，单击【确定】按钮，如图 7-59 所示。

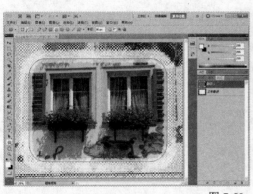

图 7-59　填充路径

7.9　习题

1. 在打开的图像文件中，使用形状工具创建边框，如图 7-60 所示。
2. 使用【自定形状】工具，绘制如图 7-61 所示的图形。

图 7-60　完成效果　　　　　　图 7-61　完成效果

新世纪高职高专规划教材

第8章

调整图像的色彩和色调

主要内容　　Photoshop CS5 应用程序中提供了强大的图像色彩调整功能，可以使图像文件更加符合用户编辑处理的需求。本章主要介绍了 Photoshop CS5 中常用的色彩、色调处理命令，使用户能熟练应用处理图像画面色彩效果。

本章重点
- ➤ 快速调整图像
- ➤ 色阶
- ➤ 曲线
- ➤ 色相/饱和度
- ➤ 可选颜色
- ➤ 通道混合器

8.1　快速调整图像

　　Photoshop 中提供了简便、快捷的自动调整命令。在【图像】|【调整】命令子菜单中，可以对图像整体效果进行自动调整的命令有【自动色调】、【自动对比度】和【自动颜色】。

§ 8.1.1　自动色调

　　使用【自动色调】命令可以增加图像的对比度，如图 8-1 所示。在像素值平均分布并且需要以简单的方式增加对比度的特定图像中，该命令可以提供较好的效果。

图 8-1　【自动色调】命令

【自动色调】命令可以自动调整图像中的黑场和白场，将每个颜色通道中最亮和最暗的像素映射到纯白(色阶为 255)和纯黑(色阶为 0)，中间像素值按比例重新分布。

§ 8.1.2　自动对比度

【自动对比度】命令可以自动调整图像的对比度，使高光区域显得更亮，阴影区域显得更暗，从而增加图像的对比度，如图 8-2 所示。

图 8-2　【自动对比度】命令

§ 8.1.3　自动颜色

【自动颜色】命令可以自动校正偏色图像，该命令通过搜索图像来标识阴影、中间调和高光，从而调整图像的对比度和颜色，如图 8-3 所示。

图 8-3　【自动颜色】命令

8.2　调整图像色彩与色调

Photoshop CS5 提供了多种图像色彩和色调控制命令，可以对图像的色相、饱和度、亮度以及对比度等进行调整，从而制作出更加丰富的图像效果。但调整后的图像会丢失一些颜色数据，因为所有色彩调整操作都是在原图像基础上进行的。

§ 8.2.1 亮度/对比度

【亮度/对比度】命令可以对图像的色调范围进行简单的调整，该命令对亮度和对比度差异不大的图像调整比较有效。选择【图像】|【调整】|【亮度/对比度】命令，可打开【亮度/对比度】对话框。在该对话框中，移动相应的滑块即可调整图像的亮度和对比度。向左移动滑块，可以降低亮度和对比度；向右移动滑块，可以增加亮度和对比度。

【例8-1】在 Photoshop CS5 应用程序中，打开图像文件并使用【亮度/对比度】命令，调整图像。

(1) 启动 Photoshop CS5 应用程序，选择【文件】|【打开】命令，打开一幅图像文件。如图 8-4 所示。

(2) 选择【图像】|【调整】|【亮度/对比度】命令，打开【亮度/对比度】对话框。在对话框中设置【亮度】为 50，如图 8-5 所示。

图 8-4 打开图像

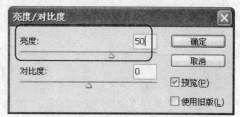

图 8-5 调整亮度

(3) 设置【对比度】为 20，然后单击【确定】按钮，应用【亮度/对比度】命令，如图 8-6 所示。

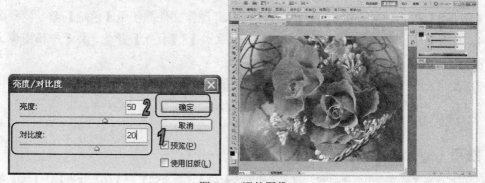

图 8-6 调整图像

§ 8.2.2 色阶

使用【色阶】命令可以通过调整图像的阴影、中间调和高光的强度级别，从而校正图像的色调范围和色彩平衡。【色阶】直方图用作调整图像基本色调的直观参考。

选择【图像】|【调整】|【色阶】命令，打开【色阶】对话框，如图 8-7 所示。对话框中的【输入色阶】用于调节图像的色调对比度，它由暗调、中间调及高光 3 个滑块组成。滑块向右移动图像越暗，反之则越亮。下端文本框内显示设定结果的数值，也可通过改变文本框内的值对【色阶】进行调整。【输出色阶】可以调节图像的明度，使图像整体变亮或变暗。左边的黑色滑块用于调节深色系的色调，右边的白色滑块用于调节浅色系得色调。需要注意的是，选择不同颜色模式的图像时，在【通道混合器】对话框的【通道】下拉列表中显示的通道数量会有所不同。

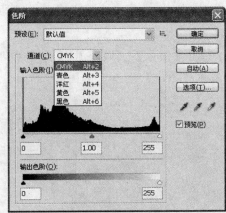

图 8-7　【色阶】对话框

另外，在【色阶】对话框中还有一些参数选项按钮功能如下。

➢ 【自动】按钮：单击该按钮，可以按照【自动颜色校正选项】对话框中所设置的参数自动调整图像的色调。

➢ 【选项】按钮：单击该按钮，可以打开【自动颜色校正选项】对话框。该对话框用于设置自动调整色阶的运算法则等参数选项。

【例 8-2】在 Photoshop CS5 应用程序中，打开图像文件并使用【色阶】命令调整图像。

(1) 启动 Photoshop CS5 应用程序，并选择【文件】|【打开】命令，打开一幅图像文件。如图 8-8 所示。

(2) 选择菜单栏中的【图像】|【调整】|【色阶】命令，打开【色阶】对话框。在对话框中设置【输入色阶】数值为 0、1.59、255，如图 8-9 所示。

技巧

在对话框中还有 3 个吸管按钮，即【设置黑场】、【设置灰场】、【设置白场】。【设置黑场】按钮的功能是选定图像的某一色调。【设置灰点】的功能是将比选定色调暗的颜色全部处理为黑色。【设置白场】的功能是将比选定色调亮的颜色全部处理为白色，并将与选定色调相同的颜色处理为中间色。

图 8-8　打开图像　　　　　　　　　　图 8-9　设置输入色阶

(3) 在【通道】下拉列表中选择需要调节的【红】通道，然后设置【输入色阶】数值为 0、0.92、235，单击【确定】按钮，应用图像调整，如图 8-10 所示。

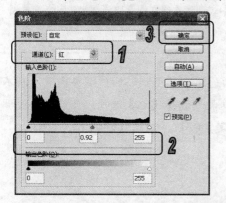

图 8-10　调整图像

§ 8.2.3　曲线

与【色阶】命令相似，【曲线】也可以用来调整图像的色调范围。但【曲线】不是通过定义暗调、中间调和高光三个变量来进行色调调整的，它可以对图像的 R(红色)、G(绿色)、B(蓝色)和 RGB 4 个通道中 0~255 范围内的任意点进行色彩调节，从而创造出更多种色调和色彩效果。选择菜单中选择【图像】|【调整】|【曲线】命令，打开【曲线】对话框。

【例 8-3】在 Photoshop CS5 应用程序中，打开图像文件并使用【色阶】命令调整图像。

(1) 启动 Photoshop CS5 应用程序，选择【文件】|【打开】命令，打开一幅图像文件。如图 8-11 所示。

(2) 选择【图像】|【调整】|【曲线】命令，打开【曲线】对话框。中间区域是曲线调节区，网格线的水平方向表示图像文件中像素的亮度分布，垂直方向表示调整后图像中像素的亮度分布，即输出色阶。在打开【曲线】对话框时，曲线是一条 45°的直线，表示此时输入与输出的亮度相等。通过调整曲线的形状，改变像素的输入、输出亮度，即可改变图像的色阶。在对话框的曲线调节区内，调整 RGB 通道曲线的形状。如图 8-12 所示。

新世纪高职高专规划教材

图 8-11　打开图像　　　　　　　　　图 8-12　调整曲线

> **提示**
>
> 　　在对话框中单击【铅笔】按钮 ✎，可以使用【铅笔】工具随意地在图表中绘制曲线形态。绘制完成后，还可以单击对话框中的【平滑】按钮，使绘制的曲线形态变得平滑。

　　(3) 【通道】下拉列表用于选取需要调整色调的通道，使用调整曲线调整色调，而不会影响其他颜色通道色的色调分布。在【通道】下拉列表中选择【红】选项。然后在曲线调节区内，调整【红】通道曲线的形状，最后单击【确定】按钮，如图 8-13 所示。

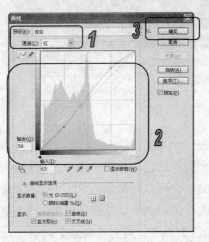 

图 8-13　调整曲线

§ 8.2.4　变化

　　【变化】命令是一个非常简单和直观的图像调整命令，使用该命令，只需单击图像的缩览图便可以调整色彩平衡、对比度和饱和度，并且还可以观察到原图像与调整结果的对比效果。需要注意的是，【变化】命令不能应用于索引颜色模式的图像。

　　选择【图像】|【调整】|【变化】命令，可以打开【变化】对话框，如图 8-14 所示，在其中设置所需的相关参数选项。该对话框中各选项功能如下。

➤ 【原稿】、【当前挑选】：在对话框顶部的【原稿】缩览图中显示原始图像，【当前挑选】缩览图中显示了图像的调整结果。第一次打开该对话框时，两个图像是相同的，但【当前挑选】图像将随着调整的进行而实时显示当前的处理结果。如果单击【原稿】缩览图，则可将图像恢复为调整前的状态。

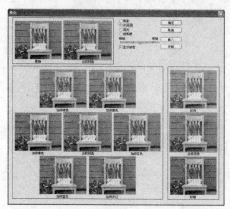

图 8-14　【变化】对话框

提示

　　如果要显示图像中将由调整功能剪切(转换为纯白或纯黑)的区域的预览效果，可选择【显示修剪】选项。

➤ 缩览图：在对话框的左侧的 7 个缩览图中，位于中间的【当前挑选】缩览图也是用来显示调整结果的，另外 6 个缩览图用来调整颜色，单击其中任何一个缩览图都可将相应的颜色添加到图像中，连续单击则可以累积添加颜色。

➤ 【阴影】、【中间色调】、【高光】：选择相应的选项，可以调整图像的阴影、中间色调和高光。

➤ 【饱和度】：用于调整图像的饱和度。选择该选项，对话框左侧会出现 3 个缩览图，中间的【当前挑选】缩览图显示了调整结果，单击【减少饱和度】和【增加饱和度】缩览图，可减少或增加饱和度。在增加饱和度时，则颜色会被剪切。

➤ 【精细】、【粗糙】：用来控制每次的调整量，每移动一格滑块，可以使调整量双倍增加。

§ 8.2.5　色彩平衡

　　【色彩平衡】命令可以更改图像的总体颜色混合。因此，【色彩平衡】命令多用于调整偏色图片，或者用于特意突出某种色调范围的图像处理。选择【图像】|【调整】|【色彩平衡】命令，可以打开【色彩平衡】对话框，如图 8-15 所示。在【色彩平衡】选项区的【色阶】数值框可调整 RGB 到 CMYK 色彩模式间对应的色彩变化。用户也可以通过直接拖动数值框下方的颜色滑块的位置来调整图像的色彩效果。

　　【例 8-4】在 Photoshop CS5 应用程序中，打开图像文件并使用【色彩平衡】命令调整图像。

　　(1) 启动 Photoshop CS5 应用程序，并选择【文件】|【打开】命令，打开一幅图像文件。如图 8-16 所示。

新世纪高职高专规划教材

(2) 选择【图像】|【调整】|【色彩平衡】命令，打开【色彩平衡】对话框。设置【中间调】的【色阶】数值 78、-11、29，如图 8-17 所示。

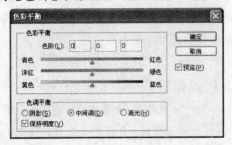

图 8-15　【色彩平衡】对话框

图 8-16　打开图像

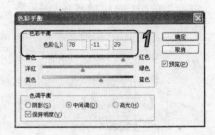

图 8-17　设置中间调

(3) 选中【阴影】单选按钮，设置【阴影】的【色阶】为 0、47、15，然后单击【确定】按钮，应用调整，如图 8-18 所示。

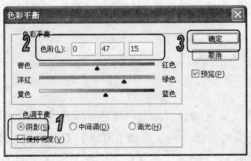

图 8-18　设置阴影

§ 8.2.6　反相

【反相】命令可以将通道中每个像素的亮度值都转换为 256 级颜色值刻度上相反的值，进而反转图像的颜色，创建负片效果，如图 8-19 所示。再次执行该命令，图像会恢复为原来的效果。

图 8-19　【反相】命令

§ 8.2.7　黑白颜色

【黑白】命令可以将彩色图像转换为灰度图像，并提供了多个选项，可以同时保持对各颜色转换方式的完全控制。此外，也可以为灰度图像着色，将彩色图像转换为单色图像。选择【图像】|【调整】|【黑白】命令，打开【黑白】对话框，如图 8-20 所示，Photoshop 会基于图像中的颜色混合执行默认的灰度转换。

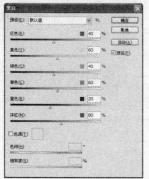

图 8-20　【黑白】对话框

> **提示**
>
> 　　按住 Alt 键，单击颜色滑块上的色板，可以将单个颜色滑块复位到其初始设置。另外，按住 Alt 键时，对话框中的【取消】按钮会变为【复位】按钮，单击该按钮可复位所有颜色滑块。

➢ 【预设】：在下拉列表中可以选择一个预设的调整设置。如果要存储当前的调整设置结果为预设，可单击选项右侧的 ▤ 按钮，在弹出的下拉菜单中选择【存储预设】命令。

➢ 颜色滑块：拖动各个颜色滑块可以调整图像中特定颜色的灰色调。

➢ 色调：如果要对灰度应用色调，可选中【色调】复选框，并调整【色相】和【饱和度】滑块。【色相】滑块可更改色调颜色，【饱和度】滑块可提高或降低颜色的集中度。单击颜色色板可以在打开的【拾色器】对话框中调整色调颜色。

➢ 自动：单击该按钮，可设置基于图像的颜色值的灰度混合，并使灰度值的分布最大化。【自动】混合通常会产生极佳的效果，并可以用作使用颜色滑块调整灰度值的起点。

【例 8-5】在 Photoshop CS5 应用程序中，打开图像文件，并使用【黑白】命令调整图像。

(1) 启动 Photoshop CS5 应用程序，选择【文件】|【打开】命令，打开一幅图像文件。如图 8-21 所示。

(2) 选择【图像】|【调整】|【黑白】命令，打开【黑白】对话框。可以在对话框的【预

设】下拉列表中选择预定义的【最黑】选项，如图 8-22 所示。

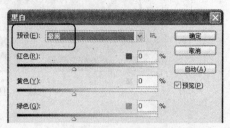

图 8-21　打开图像　　　　　　　　　　　图 8-22　使用预设

(3) 选中【色调】复选框，拖动【色相】滑块至 40°，【饱和度】滑块至 9%。拖动【红色】滑块至 19%，如图 8-23 所示。

(4) 单击【预设】下拉列表右侧的【预设选项】按钮，在弹出的菜单中选择【存储预设】命令，如图 8-24 所示。

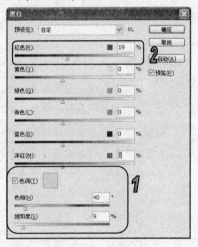

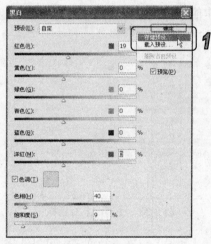

图 8-23　设置选项　　　　　　　　　　　图 8-24　选择存储

(5) 在打开的【存储】对话框的【文件名】文本框中输入"用户预设"，然后单击【保存】按钮，关闭【存储】对话框，如图 8-25 所示。

(6) 单击【黑白】对话框中的【确定】按钮，应用对图像的调整，如图 8-26 所示。

图 8-25　存储预设　　　　　　　　　　　图 8-26　应用调整

§ 8.2.8　色调均化

【色调均化】命令可以重新分布像素的亮度值，Photoshop 会将最亮的值调整为白色，最暗的值调整为黑色，中间的值则分布在整个灰度范围中，使它们更均匀地呈现所有范围的亮度级别，如图 8-27 所示。

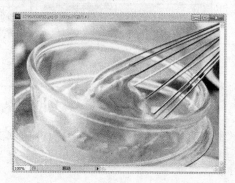

图 8-27　【色调均化】命令

如果在图像中创建了选区，选择【色调均化】命令，将打开【色调均化】对话框，如图 8-28 所示。选中【仅色调均化所选区域】单选按钮，表示仅均匀分布选区内的像素；选中【基于所选区域色调均化整个图像】单选按钮，则可根据选区内的像素均匀地分布所有图像像素。

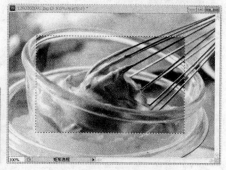

图 8-28　选区内色调均化

§ 8.2.9　渐变映射

【渐变映射】命令可以将相等的图像灰度范围映射到指定的渐变填充色。如果设置多色渐变填充样式，可以将所渐变填充的起始位置颜色映射到图像中的暗调图像区域，将终止位置颜色映射到高光图像区域，将起始位置和终止位置之间的颜色层次映射到中间调图像区域。

【例 8-6】在 Photoshop CS5 应用程序中，打开图像并使用【渐变映射】命令调整图像。

(1) 启动 Photoshop CS5 应用程序，并选择【文件】|【打开】命令，打开一幅图像文件，如图 8-29 所示。

(2) 选择【图像】|【调整】|【渐变映射】命令，可以打开【渐变映射】对话框。在该对话框中，选中【反向】复选框。如图 8-30 所示。

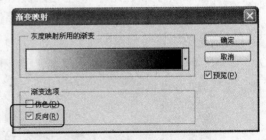

图 8-29　打开图像　　　　　　　　　　　　图 8-30　打开【渐变映射】对话框

(3) 单击【灰度映射所用的渐变】区域中弹出渐变拾色器面板按钮，在打开的渐变样式面板中单击弹出菜单按钮，在菜单中选择【简单】预设渐变样式，然后在弹出的提示框中单击【确定】按钮。如图 8-31 所示。

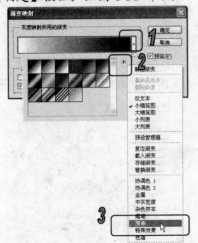

图 8-31　载入渐变样式

(4) 在载入的【简单】渐变样式库中，单击选择【浅青色】选项，然后单击【确定】按钮应用图像调整。如图 8-32 所示。

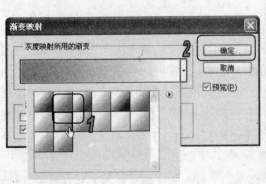

图 8-32　调整图像

§ 8.2.10　阴影/高光

【阴影/高光】命令适用于校正由强逆光而形成剪影的照片，或者校正由于太接近相机闪光灯而有些发白的焦点。在用其他方式采光的图像中，这种调整也可用于使阴影区域变亮。

选择【图像】|【调整】|【阴影/高光】命令，可以打开【阴影/高光】对话框。在【阴影/高光】对话框中，用户可以通过移动【数量】滑块，或在【阴影】或【高光】数值框中输入百分比数值，以此来调整光照的校正量，如图 8-33 所示。数值越大，为阴影提供的增亮程度或者为高光提供的变暗程度也就越大。

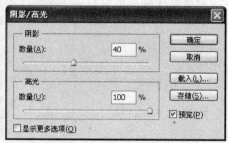

图 8-33　【阴影/高光】命令

选中【显示其他选项】复选框，【阴影/高光】对话框会提供更多的参数选项，从而可以更加精确地设置参数选项。

§ 8.2.11　色相/饱和度

【色相/饱和度】命令主要用于改变图像像素的色相、饱和度和明度，而且还可以通过为像素定义新的色相和饱和度，实现给灰度图像上色的功能，也可以创作单色调效果。选择【图像】|【调整】|【色相/饱和度】命令，打开如图 8-34 所示的【色相/饱和度】对话框，可以在该对话框中进行参数设置。

图 8-34　【色相/饱和度】对话框

 提示

由于位图和灰度模式的图像不能使用【色相/饱和度】命令，所以使用前必须先将其转化为 RGB 模式或其他的颜色模式。

> 【编辑范围】下拉列表框：在该下拉列表框中，可以选择所需调整颜色的色彩范围。
> 【色相】选项：该选项用于设置图像颜色的色相。用户可以通过移动其下方的滑块调整所需的色相数值，也可以直接在其文本框中设置所需的参数数值。该参数的数值范围为 −180～180。

> 【饱和度】选项：该选项用于设置图像颜色的饱和程度。用户可以通过移动其下方的滑块来调整所需的饱和度数值，也可以直接在其文本框中设置所需的参数数值。饱和度数值范围为 -100～100。

> 【明度】选项：该选项用于设置图像颜色的明亮程度。用户可以通过移动其下方的滑块来调整所需的明度数值，也可以直接在其文本框中设置所需的参数数值。向左移动滑块将使颜色色彩变暗；向右移动滑块将使颜色色彩变亮。该参数数值的变化范围为 -100～100。设置为 -100 时，图像画面将完全变成黑色；设置为 100 时，图像画面将完全变成白色。

> 【着色】复选框：选中该复选框，可以将图像颜色变为灰色或者各种单色。

【例 8-7】 在 Photoshop CS5 应用程序中，打开图像文件并使用【色相/饱和度】命令调整图像。

(1) 启动 Photoshop CS5 应用程序，并选择【文件】|【打开】命令，打开一幅图像文件。如图 8-35 所示。

(2) 选择【图像】|【调整】|【色相/饱和度】命令，打开【色相/饱和度】对话框。选中对话框中的【着色】复选框，使图像颜色变为灰色或者各种单色。如图 8-36 所示。

(3) 拖动【色相】滑块至 215，【饱和度】滑块至 45，然后单击【确定】按钮，应用设置将图像文件转换成单色图像。如图 8-37 所示。

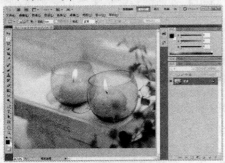

图 8-35　打开图像

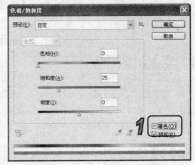

图 8-36　选中【着色】复选框

图 8-37　调整图像

§ 8.2.12　自然饱和度

使用【自然饱和度】命令调整饱和度以便在颜色接近最大饱和度时最大限度地减少修剪。

该调整增加与已饱和的颜色相比不饱和的颜色的饱和度。【自然饱和度】命令还可防止肤色过度饱和。

【例 8-8】在 Photoshop CS5 应用程序中，打开图像并使用【自然饱和度】命令调整图像。

(1) 启动 Photoshop CS5 应用程序，并选择【文件】|【打开】命令，打开一幅图像文件。如图 8-38 所示。

(2) 选择菜单栏中的【图像】|【调整】|【自然饱和度】命令，打开【自然饱和度】对话框。在对话框中，拖动【自然饱和度】滑块至-50，然后单击【确定】按钮应用图像调整。如图 8-39 所示。

图 8-38　打开图像　　　　　　　图 8-39　调整图像

§8.2.13　可选颜色

选择【可选颜色】命令可以有选择地修改任何主要颜色中的印刷色数量，而不会影响其他主要颜色。选择【图像】|【调整】|【可选颜色】命令，可以打开【可选颜色】对话框。在该对话框的【颜色】下拉列表框中，可以选择所需调整的颜色。

【例 8-9】在 Photoshop CS5 应用程序中，打开图像并使用【可选颜色】命令调整图像。

(1) 启动 Photoshop CS5 应用程序，并选择【文件】|【打开】命令，打开一幅图像文件。如图 8-40 所示。

(2) 选择【图像】|【调整】|【可选颜色】命令，打开【可选颜色】对话框。在【颜色】下拉列表中选择【青色】选项，设置【青色】为-80%，【洋红】为-36%，【黑色】为 50%，如图 8-41 所示。

图 8-40　打开图像　　　　　　　图 8-41　设置青色

新世纪高职高专规划教材

(3) 在【颜色】下拉列表中选择【中性色】选项，设置【黑色】为 10%，然后单击【确定】按钮，如图 8-42 所示。

图 8-42　设置中性色

§ 8.2.14　照片滤镜

【照片滤镜】命令可以模拟通过彩色校正滤镜拍摄照片的效果，该命令还允许用户选择预设的颜色或者自定义的颜色为图像应用色相调整。选择【图像】|【调整】|【照片滤镜】命令，打开【照片滤镜】对话框，该对话框中各选项功能如下。

➢ 【滤镜】下拉列表：在下拉列表中可以选择要使用的滤镜，Photoshop 可模拟在相机镜头前面加彩色滤镜，以调整通过镜头传输的光的色彩平衡和色温。

➢ 【颜色】选项：单击该选项右侧的颜色块，可以在打开的【拾色器】对话框中设置自定义的滤镜颜色。

➢ 【浓度】选项：可调整应用到图像中的颜色数量，该值越高，颜色的调整幅度越大。

➢ 【保留明度】复选框：选中该复选框，不会因为添加滤镜效果而使图像变暗。

【例 8-10】在 Photoshop CS5 应用程序中，打开图像并使用【照片滤镜】命令调整图像。

(1) 启动 Photoshop CS5 应用程序，并选择【文件】|【打开】命令，打开一幅图像文件。如图 8-43 所示。

(2) 选择【图像】|【调整】|【照片滤镜】命令，打开【照片滤镜】对话框。在对话框的【滤镜】下拉列表中选择【深祖母绿】选项，拖动【浓度】滑块至 60%，然后单击【确定】按钮，应用设置，如图 8-44 所示。

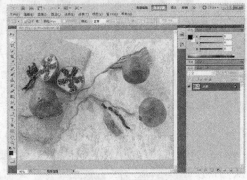  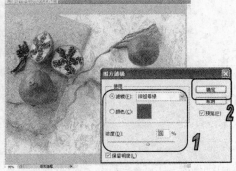

图 8-43　打开图像　　　　　　　　　　　　　　图 8-44　调整图像

8.3　特殊颜色处理

　　使用 Photoshop 中的【去色】、【阈值】、【色调分离】、【替换颜色】、【通道混合器】以及【匹配颜色】等命令可以制作特殊图像色彩效果。

§ 8.3.1　去色

　　选择【图像】|【调整】|【去色】命令，可以删除图像的颜色，彩色图像会变为黑白图像，但不会改变图像的颜色模式。如果在图像中创建了选区，使用该命令时，可去除选区内图像的颜色。

§ 8.3.2　阈值

　　【阈值】命令可以将一张灰度图像或彩色图像转变为高对比度的黑白图像，如图 8-45 所示。可以在【阈值色阶】文本框内指定亮度值作为阈值，其变化范围是 1~255，图像中所有亮度值比阈值小的像素都将变为黑色，而所有亮度值比阈值大的像素都将变为白色，也可以通过直接调整滑块进行调整。

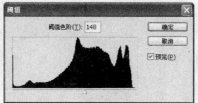

图 8-45　【阈值】命令

新世纪高职高专规划教材

§ 8.3.3　色调分离

　　【色调分离】命令可以按照指定的色阶数减少图像的颜色，在照片中创建特殊效果，如图 8-46 所示。选择【图像】|【调整】|【色调分离】命令，打开【色调分离】对话框。在【色阶】文本框中输入需要的色阶数，就可以将像素以最接近的色阶显示出来，色阶数越大则颜色的变化越细腻，色调分离效果越不明显，相反，色阶数越少效果越明显。

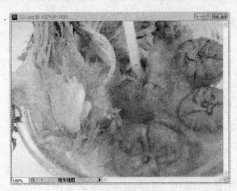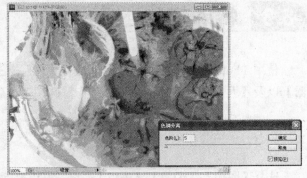

图 8-46 【色调分离】命令

§ 8.3.4 替换颜色

【替换颜色】命令可以选择图像中的特定颜色范围，然后将其替换。该命令的对话框中，包含了颜色选择选项和颜色调整选项。其中，颜色范围的选择方式与【色彩范围】命令基本相同，而颜色的调整方式与【色相/饱和度】命令相似。

【例 8-11】在 Photoshop CS5 应用程序中，打开图像文件并使用【替换颜色】命令调整图像。

(1) 启动 Photoshop CS5 应用程序，并选择【文件】|【打开】命令，打开一幅图像文件。如图 8-47 所示。

(2) 选择【图像】|【调整】|【替换颜色】命令，打开【替换颜色】对话框。在对话框中，设置【颜色容差】为 200，然后使用【吸管】工具在图像背景区域单击，如图 8-48 所示。

图 8-47 打开图像   图 8-48 【替换颜色】对话框

(3) 在【替换】选项区中，设置【色相】为 180，【饱和度】数值为-40，然后单击【确定】按钮，应用调整，如图 8-49 所示。

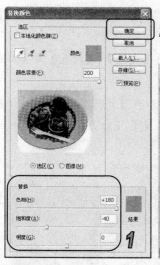

图 8-49　调整图像

§ 8.3.5　通道混合器

【通道混合器】命令可以使用图像中现有(源)颜色通道的混合来修改目标(输出)颜色通道，从而控制单个通道的颜色量。利用该命令可以创建高品质的灰度图像或其他色调图像，也可以对图像进行创造性的颜色调整。

选择【图像】|【调整】|【通道混合器】命令，可以打开【通道混合器】对话框，如图 8-50 所示。选择的图像颜色模式不同，打开的【通道混合器】对话框也会略有不同。【通道混合器】命令只能用于 RGB 和 CMYK 模式图像，并且在执行该命令之前，必须在【通道】面板中选择主通道，而不能选择分色通道。

图 8-50　【通道混合器】对话框

技巧

【常数】选项用于调整输出通道的灰度值，如果设置的是负数数值，会增加更多的黑色；如果设置的是正数数值，会增加更多的白色。选中【单色】复选框，可将彩色的图像变为无色彩的灰度图像。

新世纪高职高专规划教材

【例 8-12】在 Photoshop CS5 应用程序中，打开图像文件并使用【通道混合器】命令调整图像。

(1) 在 Photoshop CS5 应用程序中，选择菜单栏中的【文件】|【打开】命令，选择打开一幅照片图像，如图 8-51 所示。

(2) 选择【图像】|【调整】|【通道混合器】命令，打开【通道混合器】对话框。在对话框的【输出通道】下拉列表中选择【绿】选项，然后设置【红色】为 30%，如图 8-52 所示。

  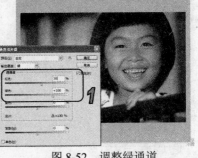

图 8-51　打开图像　　　　　　　　　图 8-52　调整绿通道

(3) 在输出通道下拉列表中选择【蓝】选项，设置【绿色】为100%，然后单击【确定】按钮，应用调整，如图 8-53 所示。

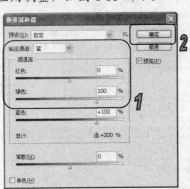 

图 8-53　调整蓝通道

§ 8.3.6　匹配颜色

【匹配颜色】命令可以将一个图像(源图像)的颜色与另一个图像(目标图像)中的颜色相匹配，它用于调整多个图片的颜色保持一致。此外，该命令还可以匹配多个图层和选区之间的颜色。

【例 8-13】在 Photoshop CS5 应用程序中，打开图像并使用【匹配颜色】命令调整图像。

(1) 启动 Photoshop CS5 应用程序，选择【文件】|【打开】命令，打开两幅图像文件。如图 8-54 所示。

(2) 选择【图像】|【调整】|【匹配颜色】命令，打开【匹配颜色】对话框。在对话框的【图像统计】选项区的【源】下拉列表中选择【1.jpg】图像文件，如图 8-55 所示。

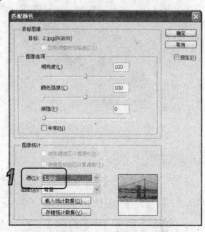

图 8-54　打开图像　　　　　　　　　　图 8-55　选择源文件

(3) 在【图像选项】中，设置【渐隐】为 20，然后单击【确定】按钮，关闭对话框，如图 8-56 所示。

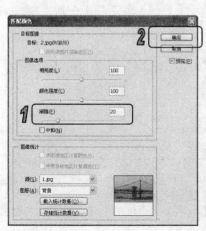

图 8-56　调整图像

8.4　上机实战

本章的上机实战主要练习根据需要，改善不同程度的饱和度降低问题，从而获得色彩艳丽的照片，使用户进一步熟悉色彩和色调调整命令的应用。

(1) 在 Photoshop CS5 应用程序中，选择菜单栏中的【文件】|【打开】命令，选择打开一幅照片图像，并复制背景图层，如图 8-57 所示。

(2) 选择【图像】|【调整】|【阴影/高光】命令，打开【阴影/高光】对话框。在对话框中，设置阴影【数量】为 40%，然后单击【确定】按钮，如图 8-58 所示。

新世纪高职高专规划教材

图 8-57　打开图像

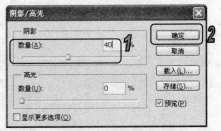

图 8-58　调整阴影

(3) 选择【图像】|【调整】|【曲线】命令，打开【曲线】对话框，调整 RGB 曲线形状，然后单击【确定】按钮，如图 8-59 所示。

(4) 选择【图像】|【调整】|【可选颜色】命令，打开【可选颜色】对话框。在【颜色】下拉列表中选择【蓝色】选项，设置【青色】为 100%，【洋红】为 15%，【黄色】为-30%，如图 8-60 所示。

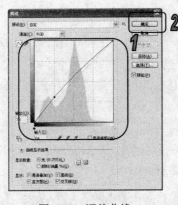

图 8-59　调整曲线

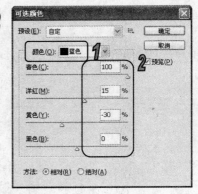

图 8-60　设置蓝色

(5) 在【颜色】下拉列表中选择【黄色】选项，设置【青色】为-100%，【洋红】为-40%，【黄色】为 100%，【黑色】为 100%，如图 8-61 所示。

(6) 在【颜色】下拉列表中选择【红色】选项，设置【青色】为 28%，【洋红】为 0%，【黄色】为 30%，【黑色】为 0%，如图 8-62 所示。

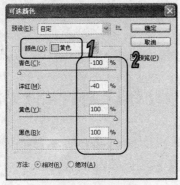

图 8-61　设置蓝色

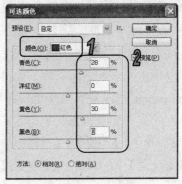

图 8-62　设置蓝色

(7) 在【颜色】下拉列表中选择【中性色】选项，设置【青色】为-14%，然后单击【确定】按钮，应用调整，如图 8-63 所示。

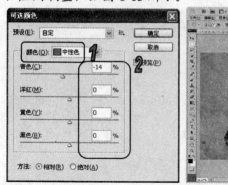

图 8-63　调整图像

8.5　习题

1. 打开一幅图像文件，分别使用【去色】、【黑白】和【渐变映射】命令制作黑白图像效果，如图 8-64 所示。

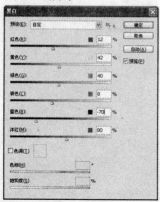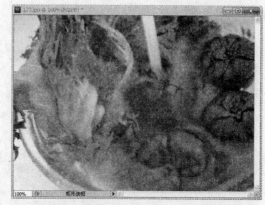

图 8-64　制作黑白图像

2. 打开一幅图像文件，使用【照片滤镜】命令中的滤镜调整图像效果，如图 8-65 所示。

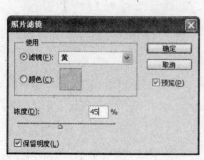

图 8-65　使用照片滤镜

新世纪高职高专规划教材

第 **9** 章

图层的操作

主要内容　　图层在 Photoshop 的编辑处理过程中非常有用。使用图层可以管理、修改图像，还可以创建出各种特殊的图层样式效果。本章主要介绍图层的应用、编辑操作和图层效果的设置方法。

本章重点

- ➢ 创建图层
- ➢ 编辑图层
- ➢ 排列与分布图层

- ➢ 合并与盖印图层
- ➢ 图层样式
- ➢ 图层复合

9.1　了解图层

§ 9.1.1　【图层】面板

对图层的操作都是在【图层】面板上完成的，选择【窗口】|【图层】命令，可以打开【图层】面板。单击【图层】面板右上角的扩展菜单按钮，可以打开【图层】面板扩展菜单，如图 9-1 所示。

图 9-1　【图层】面板

　　【图层】面板用于创建、编辑和管理图层，以及为图层添加样式等操作。面板中列出了所有的图层、图层组和图层效果。如要对某一图层进行编辑，首先需要在【图层】面板中单击选中该图层，所选中图层称为【当前图层】。

　　在【图层】面板中有一些功能设置按钮与选项，通过对各选项进行设置可以直接对图层进行相应的编辑操作。使用这些按钮等同于执行【图层】面板菜单中的相关命令。

> 锁定按钮：用于锁定当前图层的属性，包括图像像素、透明像素和位置。

> 设置图层混合模式：用于设置当前图层的混合模式，可以混合所选图层中的图像与下方所有图层中的图像。

> 设置图层不透明度：用于设置当前图层中图像的整体不透明程度。

> 设置填充不透明度：用于设置图层中图像的不透明度。该选项对于已应用于图层的图层样式，则不产生任何影响。

> 图层可视标志👁：用于显示或隐藏图层。当在图层左侧显示该图标时，表示图像窗口将显示该图层的图像。单击此图标，图标消失并隐藏图像窗口中该图层的图像。

> 链接图层👁：可将选中的两个或两个以上的图层或组进行链接，链接后的图层或组可以同时进行相关操作。

> 添加图层样式 fx：用于为当前图层添加图层样式效果，单击该按钮，将弹出命令菜单，从中可以选择相应的命令为图层添加特殊效果。

> 添加图层蒙版 ⬜：单击该按钮，可以为当前图层添加图层蒙版。

> 创建新的填充或调整图层 ⬤：用于创建调整图层。单击该按钮，在弹出的命令菜单中可以选择所需的调整命令。

> 创建新组 🗂：单击该按钮，可以创建新的图层组，图层组可以包含多个图层。可将包含的图层作为一个对象进行查看、复制、移动、调整顺序等操作。

> 创建新图层 🗋：单击该按钮，可以创建一个新的空白图层。

> 删除图层 🗑：单击该按钮可以删除当前图层。

　　另外，每个图层在【图层】面板中都会有一个缩览图，用于显示该图层中的图像内容。要调整其显示的大小，可以单击【图层】面板右上角的扩展菜单按钮，在打开的面板菜单中选择【面板选项】命令，可以根据需要在打开的对话框中设置缩览图，如图 9-2 所示。

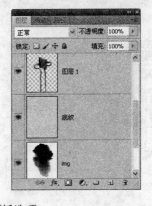

图 9-2　设置面板选项

§ 9.1.2 图层的类型

在 Photoshop 中可以创建多种类型的图层，每种类型的图层都有不同的功能和用途，它们在图层面板中的显示状态也各不相同。

➤ 背景图层：新建文档时创建的图层，始终位于面板的最下方。
➤ 普通图层：在文档中，单击【创建新图层】按钮，或通过【拷贝】、【粘贴】命名生成的图层。
➤ 填充图层：通过填充纯色、渐变或图案而创建的具有特殊效果的图层。
➤ 调整图层：可以调整图像的色彩，但不会更改图像内容。
➤ 智能对象图层：包含有智能对象的图层。
➤ 文字图层：使用文字工具输入文字时创建的图层。

9.2 创建图层

§ 9.2.1 在图层面板中创建图层

单击【图层】面板中的【创建新图层】按钮，即可在当前图层上新建一个图层，新建的图层会自动成为当前图层，如图 9-3 所示。如果要在当前图层的下方新建图层，可以按住 Ctrl 键，单击【创建新图层】按钮，但【背景】图层下面不能创建图层。

图 9-3 新建图层

§ 9.2.2 用【新建】命令新建图层

选择【图层】|【新建】|【图层】命令，或按住 Alt 键单击【创建新图层】按钮，在打开的【新建图层】对话框中进行设置。可以在创建新图层的同时设置图层的属性，如图层名称、颜色和混合模式，如图 9-4 所示。

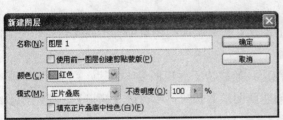

图 9-4　新建图层

技巧

在【颜色】下拉列表中选择一个颜色后，可以使用颜色标记图层或图层组有效地区分不同用途的图层。

§ 9.2.3　用【通过拷贝的图层】命令创建图层

如果在图像中创建了选区，选择【图层】|【新建】|【通过拷贝的图层】命令，或按下 Ctrl+J 快捷键，可以将选区内的图像复制到一个新的图层中，原图层内容保持不变，如图 9-5 所示。如果没有创建选区，选择该命令则可以快速复制当前图层。

图 9-5　通过拷贝的图层

§ 9.2.4　用【通过剪切的图层】命令创建图层

如果在图像中创建了选区，选择【图层】|【新建】|【通过剪切的图层】命令，或按下 Shift+Ctrl+J 快捷键，将选区内的图像剪切到一个新的图层中。

§ 9.2.5　新建填充图层

填充图层是通过填充纯色、渐变或图案，并设置叠加的不透明度和混合模式创建的特殊效果的图层。在【图层】面板中，单击【创建新的填充或调整图层】按钮，或选择菜单栏中的【图层】|【新建填充图层】命令子菜单中的相应命令，即可填充图层。

【例9-1】在图像文件中创建渐变填充图层。

(1) 启动 Photoshop CS5 应用程序，选择【文件】|【打开】命令，选择打开一幅图像文件，如图9-6所示。

(2) 选择【图层】|【新建填充图层】|【渐变】命令，打开【新建图层】对话框。在对话框的【颜色】下拉列表中选择【红色】选项，【模式】下拉列表中选择【叠加】选项，然后单击【确定】按钮，如图9-7所示。

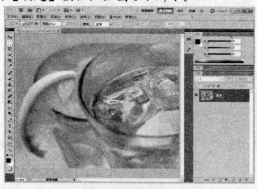

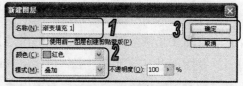

图9-6　打开图像　　　　　　　　　　图9-7　新建图层

(3) 打开【渐变填充】对话框，在【渐变】下拉面板中选择一种渐变样式，单击【样式】下拉列表中选择【径向】选项，设置【缩放】为 150%，并选中【反向】复选框，然后单击【确定】按钮，创建填充图层，如图9-8所示。

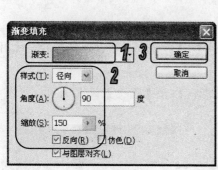

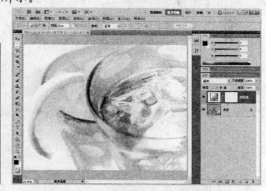

图9-8　渐变填充

§ 9.2.6　新建调整图层

通过创建以【色阶】、【色彩平衡】以及【曲线】等调整命令功能为基础的调整图层，用户可以单独对其下方图层中的图像进行调整处理，并且不会破坏其下方的原图像文件。要创建调整图层，可选择菜单栏中的【图层】|【新建调整图层】命令，在其子菜单中选择所需的调整命令；或在【图层】调板底部单击【创建新的填充或调整图层】按钮，在打开的菜单中选择相应的调整命令；或直接在【调整】面板中单击需要命令图标即可创建调整图层，如图9-9所示。

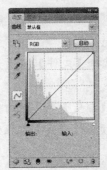

图 9-9　创建调整图层

在【调整】面板底部的工具按钮功能如下。

➤ 单击【返回当前调整图层的控制】按钮 可以从【调整】面板中的调整图标和预设返回到当前的调整设置选项。单击【返回到调整列表】按钮 ，将【调整】面板返回到显示调整按钮和预设列表。

➤ 单击【此调整影响下面所有的图层】按钮 可以将调整应用于【图层】面板中该调整图层下方的所有图层。再次单击该按钮，它将变为【剪切到图层】按钮 ，此时调整图层只作用于下一层图像内容。

➤ 单击【切换图层可见性】按钮 ，可以显示或隐藏调整图层。按住【查看上一状态】按钮 可以查看调整前效果。

➤ 单击【恢复到默认设置】按钮 可将调整恢复到其原始设置。

➤ 单击【删除此调整图层】按钮 可以删除调整图层；也可以直接在【图层】面板中单击【删除图层】按钮删除调整图层。

【例 9-2】在图像文件中创建调整图层。

(1) 启动 Photoshop CS5 应用程序，选择【文件】|【打开】命令，选择打开一幅图像文件，如图 9-10 所示。

(2) 打开【调整】面板，单击【色阶】命令图标，打开【色阶】设置选项，如图 9-11 所示。

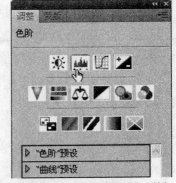

图 9-10　打开图像　　　　　　　　　图 9-11　打开【调整】面板

(3) 设置 RGB 通道的输入色阶数值为 0、1.12、209，然后单击面板底部的【返回到调整列表】按钮 ，如图 9-12 所示。

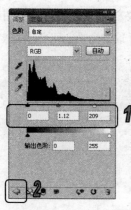

图 9-12 调整图像

(4) 在【调整】面板中单击【色相/饱和度】命令图标，打开【色相/饱和度】选项，设置【饱和度】数值为-50，如图 9-13 所示。

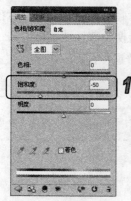

图 9-13 调整图像

§ 9.2.7 创建背景图层

新建文档时，如果在【新建】对话框的【背景内容】下拉列表中选择【白色】或【背景色】选项，则在新建文档的【图层】面板最下面的图层即为【背景】图层。使用【透明】选项作为背景内容时，新建的文档没有【背景】图层，如图 9-14 所示。

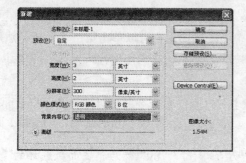

图 9-14 选择【透明】选项

如果在编辑操作过程中删除了【背景】图层，或新建文档中没有【背景】图层，在【图层】面板中选择一个图层，选择【图层】|【新建】|【图层背景】命令，可将其创建为【背景】图层，如图 9-15 所示。

图 9-15　创建图层背景

§ 9.2.8　将背景图层转换为普通图层

【背景】图层是比较特殊的图层，用户不可以调整其堆叠顺序，设置其混合模式和不透明度。如果要对其进行编辑调整，需要先将【背景】图层转换为普通图层。双击【背景】图层，打开【新建图层】对话框，通过设置即可将其转换为普通图层。

> **技巧**
>
> 按住 Alt 键，双击【背景】图层，可以不用打开【新建图层】对话框，直接将其转换为普通图层。

9.3　编辑图层

创建图层后，还可以对图层进行编辑操作，如选中、复制、链接、锁定及删除等。

§ 9.3.1　选择图层

在 Photoshop 中，编辑、调整操作都是针对当前图层中的图像对象进行的。因此，在进行编辑操作时，首先要选中图层。Photoshop 提供了多种选择图层的方式。

➢ 选择一个图层：单击【图层】面板中的一个图层即可选择该图层，所选择的图层会成为当前图层。

➢ 选择多个图层：如果要选择多个连续的图层，可以单击第一个图层，然后按住 Shift 键单击最后一个图层；如果要选择多个非连续的图层，可按住 Ctrl 键单击所需选中图层。

➢ 选择所有图层：选择【选择】|【所有图层】命令，可以选择【图层】面板中除【背景】图层外的所有图层。

➢ 选择相似图层：要选择类型相似的所有图层，如选择所有的文字图层，可以选择一个文字图层后，选择【选择】|【选择相似图层】命令来选择其他文字图层。

> ➢ 选择链接的图层：选择一个链接图层，选择【图层】|【选择链接图层】命令，可以选择所有与之链接的图层。

技巧

选择一个图层后，按 Alt+]键可将当前图层切换为与之相邻的上一个图层；按 Alt+[键可将当前图层切换为与之相邻的下一个图层。如果需要选择任何图层，在【图层】面板中最下面一个图层的空白处单击，或选择【选择】|【取消选择图层】命令即可。

§ 9.3.2　复制图层

Photoshop CS5 提供了多种复制图层的方法。在复制图层时，可以在同一图像文件内复制任何图层，也可以复制选择操作的图层至另一个图像文件中。

选中图层内容后，可以利用【拷贝】和【粘贴】命令在同一图像或不同图像间复制图层。也可以选择【移动】工具，拖动原图像的图层至目的图像文件中，从而进行不同图像间图层的复制。

用户还可以单击【图层】面板右上角的扩展菜单按钮，在打开的控制菜单中选择【复制图层】命令，或在需要复制的图层上右击，从打开的快捷菜单中选择【复制图层】命令，然后在打开【复制图层】对话框中设置所需参数，复制图层，如图 9-16 所示。

技巧

在【复制图层】对话框中，在【为】文本框中可以输入新图层的名称；在【文档】下拉列表中可以选择目标文件。如果选择【新建】选项则可以设置文档的名称，将图层内容创建为一个新文件。

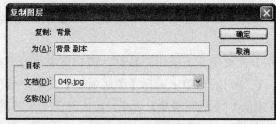

图 9-16　复制图层

除通过以上方法可以复制图层外，最常用的方法是在【图层】面板中，按住鼠标拖动所需复制的图层到面板底部【创建新图层】按钮 上并释放鼠标。复制的图层名称自动添加【副本】字样。

§ 9.3.3　链接图层

如果要对【图层】面板中的多个图层或图层组同时进行移动、变换或创建剪贴蒙版，可以将这些图层或图层组进行链接。链接的图层将保持关联，直至取消它们的链接为止。

在【图层】面板中，选择多个图层或图层组后，单击面板底部的【链接图层】按钮 ，或选择【图层】|【链接图层】命令即可将图层进行链接，如图 9-17 所示。

新世纪高职高专规划教材

图 9-17　链接图层

要取消图层链接，选择一个链接的图层，然后单击【链接图层】按钮 即可。或者在要临时停用链接的图层上，按住 Shift 键并单击链接图层的链接图标 ，出现 图标表示该图层链接停用，如图 9-18 所示。再次按住 Shift 键单击 图标可再次启用链接。

图 9-18　停用链接

§ 9.3.4　修改图层的名称与颜色

当在创建图层数量较多时，可以为图层设置易于识别的名称或区别于其他图层颜色，以便于用户在操作时查找这些图层。

如果要修改图层的名称，可以在【图层】面板中双击该图层名称，然后在显示的文本框中输入新名称。用户也可以在图层上右击，在弹出的菜单中选择【图层属性】命令，或在面板菜单中选择【图层属性】命令，或选择【图层】|【图层属性】命令，在打开的【图层属性】对话框进行图层的名称、图层的颜色设置，如图 9-19 所示。

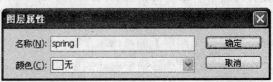

图 9-19　图层属性

§ 9.3.5　显示与隐藏图层

在【图层】面板中的可见图标 用来控制图层的可见性。显示该图标时，图层为可见图层。如显示为 状态，则图层为隐藏图层。用户可以通过单击可见图标 来切换图层的显示与隐藏。

§9.3.6　锁定图层

　　【图层】面板中提供了用于保护图层透明区域、图像像素和位置的锁定功能。用户可以根据需要完全锁定或部分锁定图层，以免因编辑操作失误而对图层的内容造成修改。在【图层】面板中，单击锁定图标按钮，即可锁定相对图像内容。图层被锁定后，图层名称右侧会出现一个锁状图标，当图层完全锁定时，锁定图标显示为 ；当图层内容被部分锁定时，锁定图标显示为 ，如图 9-20 所示。【图层】面板中各按钮功能如下。

图 9-20　锁定图层

> 　锁定透明像素 ：单击该按钮后，可以将编辑范围限定在图层的不透明区域，图层的透明区域将受到保护。
> 　锁定图像像素 ：单击该按钮后，只能对图层进行移动和变换操作，不能在图层上涂抹、擦除或应用滤镜。
> 　锁定位置 ：单击该按钮后，图层不能被移动。
> 　锁定全部 ：单击该按钮后，可以锁定全部选项。

提示

　　选择图层组后，选择【图层】|【锁定组内的所有图层】命令，打开【锁定组内的所有图层】对话框，如图 9-21 所示。对话框中显示了锁定选项，通过各复选框可以锁定组内所有图层的一种或多种属性。

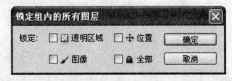

图 9-21　【锁定组内的所有图层】对话框

§9.3.7　删除图层

　　在图像处理中，虽然可以通过隐藏图层的方式取消一些不使用的图层对图像整体显示效果的影响，但是它们仍然存于图像文件中，并且占用一定的磁盘空间。因此，用户可以根据需要及时删除【图层】面板中不需要的图层，以精简图像文件。

　　要删除图层，选择需要删除的图层，将其拖动至【图层】面板中的【删除图层】按钮上释放鼠标，即可删除所选择的图层。用户也可以选择【图层】|【删除】命令子菜单中的命令，删除当前图层或面板中隐藏的图层。

提示

　　选择面板菜单中的【删除图层】命令，或在图层上单击右键，在弹出的菜单中选择【删除图层】命令，在弹出的对话框中单击【是】按钮即可删除所选择的图层。

新世纪高职高专规划教材

§ 9.3.8　栅格化图层内容

在 Photoshop 中，如果要在文字图层、形状图层、矢量蒙版或智能对象等包含矢量数据的图层以及填充图层上使用绘画工具或滤镜，需要先选择图层将其栅格化，使图层中的图像内容转换为光栅图像，才能进行相应的编辑操作。选择【图层】|【栅格化】命令子菜单中的命令，可以栅格化图层中的内容。

➤ 【文字】命令：可以栅格化文字图层，使文字变为光栅图像。同时，文字将失去其文字属性，不能再被修改。

➤ 【形状】、【填充内容】、【矢量蒙版】命令：选择【形状】命令，可栅格化形状图层。选择【填充内容】命令，可栅格化形状图层的填充内容，并保留矢量蒙版；选择【矢量蒙版】命令，可栅格化形状图层的矢量蒙版，同时将其转换为图层蒙版。

➤ 【智能对象】命令：可栅格化智能对象图层，使其转换为像素。

➤ 【图层】、【所有图层】命令：选择【图层】命令，可栅格化当前选择的图层；选择【所有图层】命令可以栅格化包含矢量数据、智能对象的所有图层。

9.4　排列与分布图层

【图层】面板中的图层是按照创建的先后顺序堆叠排列的，用户可以重新调整图层的堆叠顺序，也可以在选择多个图层后，对它们进行对齐与分布操作。

§ 9.4.1　调整图层的堆叠顺序

在【图层】面板中，图层的排列顺序决定了图层中图像内容是显示在其他图像内容的上方还是下方。因此，通过移动图层的排列顺序可以更改图像窗口中各图像的叠放位置，以实现所需要的效果。

在【图层】面板中单击需要移动的图层，按住鼠标左键不放，将其拖动到需要调整的位置，当出现一条双线时释放鼠标，即可将图层移动到需要的位置。如图 9-22 所示。

图 9-22　排列图层

用户也可以通过菜单栏中的【图层】|【排列】命令子菜单中的命令排列选中的图层，如图 9-23 所示。

> ➤ 【置为顶层】：将所选图层调整到最顶层。
> ➤ 【前移一层】、【后移一层】：将选择的图层向上或向下移动一层。
> ➤ 【置为底层】：将所选图层调整到最底层。
> ➤ 【反向】：在【图层】面板中选择多个图层后，选择该命令可以反转所选图层的堆叠顺序。

图 9-23　【图层】|【排列】子菜单

 技巧

> 　　如果选择的图层位于图层组中，选择【置为顶层】和【置为底层】命令时，可以将图层调整到当前图层组的最顶层或最底层。

§ 9.4.2　对齐图层

在【图层】面板中，选中 2 个图层，然后选择【移动】工具，此时选项栏中的【对齐】按钮被激活。通过单击相应的按钮，可以对齐当前选择的图层。用户也可以通过选择【图层】|【对齐】命令子菜单中的命令来对齐图层。如图 9-24 所示。

图 9-24　对齐选项

> ➤ 【顶对齐】按钮：单击该按钮，可以将所有选中的图层最顶端的像素与基准图层最上方的像素对齐。
> ➤ 【垂直居中对齐】按钮：单击该按钮，可以将所有选中的图层垂直方向的中间像素与基准图层垂直方向的中心像素对齐。
> ➤ 【底对齐】按钮：单击该按钮，可以将所有选中的图层最底端的像素与基准图层最下方的像素对齐。
> ➤ 【左对齐】按钮：单击该按钮，可以将所有选中的图层最左端的像素与基准图层最左端的像素对齐。
> ➤ 【水平居中对齐】按钮：单击该按钮，可以将所有选中的图层水平方向的中心像素与基准图层水平方向的中心像素对齐。
> ➤ 【右对齐】按钮：单击该按钮，可以将所有选中图层最右端的像素与基准图层最右端的像素对齐。

§ 9.4.3　分布图层

在【图层】面板中，如果选中了 3 个或 3 个以上图层，选项栏中的【分布】按钮也会被

激活。单击选项栏中相应的按钮，或选择【图层】|【分布】命令子菜单中的命令，可以均匀分布选中的图层。如图 9-25 所示。分布方式有以下几种。

图 9-25　分布选项

> 【按顶分布】按钮：单击该按钮，可以从每个图层的顶端像素开始，间隔均匀地分布选中图层。

> 【垂直居中分布】按钮：单击该按钮，可以从每个图层的垂直居中像素开始，间隔均匀地分布选中图层。

> 【按底分布】按钮：单击该按钮，可以从每个图层的底部像素开始，间隔均匀地分布选中图层。

> 【按左分布】按钮：单击该按钮，可以从每个图层的左侧像素开始，间隔均匀地分布选中图层。

> 【水平居中分布】按钮：单击该按钮，可以从每个图层的水平中心像素开始，间隔均匀地分布选中图层。

> 【按右分布】按钮：单击该按钮，可以从每个图层的右边像素开始，间隔均匀地分布选中图层。

【例 9-3】在打开的图像文件中，对齐分布对象。

(1) 启动 Photoshop CS5 应用程序，选择【文件】|【打开】命令，选择打开一幅图像文件，如图 9-26 所示。

(2) 在【图层】面板中，按下 Shift 键选中【形状 1】、【形状 2】、【形状 3】和【形状 4】，如图 9-27 所示。

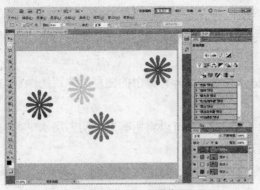

图 9-26　打开图像

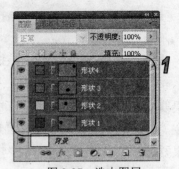

图 9-27　选中图层

(3) 选择工具箱中的【移动】工具，在工具选项栏中单击【垂直居中对齐】按钮和【水平居中分布】按钮，对齐分布对象，如图 9-28 所示。

新世纪高职高专规划教材

图 9-28 对齐分布对象

9.5 合并与盖印图层

图层、图层组合图层样式等会占用电脑的内存和暂存盘，导致电脑的运行速度变慢。因此，在 Photoshop 中可以将相同属性的图层合并，以减小文件的大小。

§ 9.5.1 合并图层

如果要合并两个或多个图层，可以在【图层】面板中将其选择，然后选择【图层】|【合并图层】命令，或按 Ctrl+E 组合键即可，如图 9-29 所示。用户也可以在选择需要合并的图层后，右击，在弹出的菜单中选择【合并图层】命令，或在面板菜单中选择【合并图层】命令。

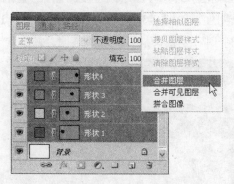

图 9-29 合并图层

如果要将一个图层与它下面的图层合并，可以选择该图层，然后选择【图层】|【向下合并】命令，或按 Ctrl+E 组合键即可进行合并。

如果要合并【图层】面板中所有可见的图层，可选择【图层】|【合并可见图层】命令，或按下 Shift+Ctrl+E 组合键即可进行合并。

选择【图层】|【拼合图像】命令，可以合并当前所有可见图层至【背景】图层中，并删除隐藏的图层。如果有隐藏的图层，在拼合图像时会弹出一个提示对话框，询问是否删除隐藏的图层，如图 9-30 所示。

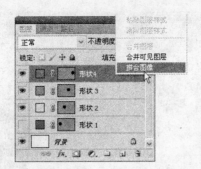

图 9-30 拼合图像

§ 9.5.2 盖印图层

盖印图层是一种特殊的合并图层的方法。该操作可以将多个图层的内容合并为一个目标图层，并且同时保持合并的原图层独立性和完整性。

➤ 按 Ctrl+Alt+E 组合键可以将选定的图层内容合并，并创建一个新图层。

➤ 按 Shift+Ctrl+Alt+E 组合键可以将【图层】面板中所有可见图层内容合并到新建图层中。

9.6 图层不透明度与混合模式

图层的不透明度用于确定选定图层遮蔽或显示其下方图层的程度。【图层】面板中的【不透明度】文本框设置控制着当前图层的不透明度。如图 9-31 所示。当不透明度为 1% 时，当前图层看起来几乎透明，而不透明度为 100% 时，当前图层则完全不透明。

图 9-31 设置图层【不透明度】

图层混合模式指当图像叠加时，上方图层和下方图层的像素进行混合，从而得到另外一种图像效果。如图 9-32 所示。由此可知图层混合模式只能在两个图层图像之间产生作用；【背景】图层上的图像不能设置图层混合模式。如果要为【背景】图层设置混合效果，必须先将其转换为普通图层后再进行。

在【图层】面板的【图层混合模式】下拉列表框中，可以选择【正常】、【溶解】和【滤色】等混合模式。使用这些混合模式，可以混合所选图层中的图像与下方所有图层中的图像。

图 9-32　设置图层【混合模式】

➢ 【正常】模式：Photoshop 默认的模式，使用时不产生任何特殊效果。

➢ 【溶解】模式：选择此选项后，图像画面产生溶解、粒状效果。其右侧的不透明度值越小，溶解效果越明显。

➢ 【变暗】模式：选择此选项，在绘制图像时，Photoshop 将取两种颜色的暗色作为最终色，亮于底色的颜色将被替换，暗于底色的颜色保持不变。

➢ 【正片叠底】模式：选择该选项，可以产生比底色和绘制色都暗的颜色，可以用来制作阴影效果。

➢ 【颜色加深】模式：选择此选项，可以使图像色彩夹生，图像亮度降低。

➢ 【线性加深】模式：选择此选项，系统会通过降低亮度使底色变暗从而反映绘制的颜色，当与白色混合时，不发生变化。

➢ 【深色】模式：选择此选项，系统将从底色和混合色中选择最小的通道值来创建结果颜色。

➢ 【变亮】模式：该模式只有在当前颜色比底色深的情况下才起作用，底图的浅色将覆盖绘制的深色。

➢ 【滤色】模式：此选项与【正片叠底】选项的功能相反，通常该模式的颜色都较浅。任何颜色的底色与绘制的黑色混合，原颜色不受影响；与绘制的白色混合将得到白色；和绘制的其他颜色混合将得到漂白效果。

➢ 【颜色减淡】模式：选择此选项，将通过减低对比度，使底色的颜色变亮来反映绘制的颜色，与黑色混合并没有变化。

➢ 【线性减淡(添加)】模式：选择此选项，将通过增加亮度使底色的颜色变亮来反映绘制的颜色，与黑色混合没有变化。

➢ 【浅色】模式：选择此选项，系统将从底色和混合色中选择最大的通道值来创建结果颜色。

➢ 【叠加】模式：选择此选项，使图案或颜色在现有像素上叠加，同时保留基色的明暗对比。

➢ 【柔光】模式：选择此选项，系统将根据绘制色的明暗程度来决定最终是变亮还是变暗。当绘制的颜色比 50%的灰暗时，图像通过增加对比度变暗。

➢ 【强光】模式：选择此选项，系统将根据混合颜色决定执行正片叠底还是过滤。但绘制的颜色比 50% 灰亮时，底色图像变亮；当比 50%的灰色暗时，底色图像变暗。

> 【亮光】模式：选择此选项，系统将根据绘制色通过增加或降低对比度来加深或者减淡颜色。当绘制的颜色比 50%的灰色暗时，图像通过增加对比度变暗。

> 【线性光】模式：选择此选项，系统同样根据绘制色通过增加或降低亮度来加深或减淡颜色。当绘制的颜色比 50%的灰色亮时，图像通过增加亮度变亮，当比 50%的灰色暗时，图像通过降低亮度变暗。

> 【点光】：选择此选项，系统将根据绘制色来替换颜色。当绘制的颜色比 50%的灰色亮时，绘制色被替换，但比绘制色亮的像素不被替换；当绘制的颜色比 50%的灰色暗时，比绘制色亮的像素被替换，但比绘制的色暗的像素不被替换。

> 【实色混合】模式：选择此选项，将混合颜色的红色、绿色和蓝色通道数值添加到底色的 RGB 值。如果通道计算的结果总和大于或等于 255，则值为 255；如果小于 255，则值为 0。

> 【差值】模式：选择此选项，系统将用较亮的像素值减去较暗的像素值，其差值作为最终的像素值。当与白色混合时将使底色相反，而与黑色混合则不产生任何变化

> 【排除】模式：选择此选项，可生成与【正常】选项相似的效果，但比差值模式生成的颜色对比要小，因而颜色较柔和。

> 【色相】模式：选择此选项，系统将采用底色的亮度、饱和度，以及绘制色的色相来创建最终颜色。

> 【饱和度】模式：选择此选项，系统将采用底色的亮度、色相，以及绘制色的饱和度来创建最终颜色。

> 【颜色】模式：选择此选项，系统将采用底色的亮度以及绘制色的色相、饱和度来创建最终颜色。

> 【明度】模式：选择此选项，系统将采用底色的色相、饱和度以及绘制色的明度来创建最终颜色。此选项实现效果与【颜色】选项相反。

【例 9-4】使用图层不透明度和混合模式拼合图像。

(1) 启动 Photoshop CS5 应用程序，选择【文件】|【打开】命令，选择打开两幅图像文件，如图 9-33 所示。

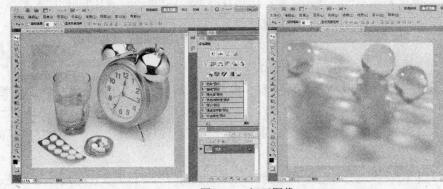

图 9-33 打开图像

(2) 选中【2.jpg】图像文件，在【图层】面板中打开面板菜单，选择【复制图层】命令。打开【复制图层】对话框，在【文档】下拉列表中选择【1.jpg】，然后单击【确定】按钮，

如图 9-34 所示。

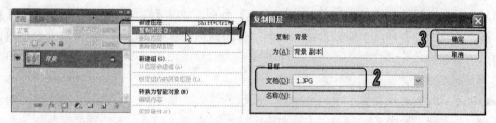

图 9-34　复制图层

　　(3) 选中 1.jpg 图像文件，在【图层】面板中设置【背景副本】图层的混合模式为【线性加深】，【不透明度】为 90%，如图 9-35 所示。

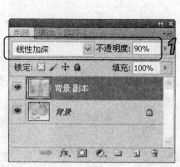 

图 9-35　设置混合模式

9.7　用图层组管理图层

　　在使用 Photoshop 编辑处理图像的过程中，可以使用图层组来组织和管理图层，使【图层】面板中的图层结构更加清晰，也便于用户查找需要的图层。

§ 9.7.1　创建图层组

　　图层组可以将图层按照类别放在不同的组内。当折叠图层组后，在【图层】面板中只显示图层组的名称。用户可以通过单击图层组名称前的 ▽ 按钮，展开图层组，显示图层名称。如图 9-36 所示。

图 9-36　展开图层组

新世纪高职高专规划教材

在 Photoshop 中，用户直接单击【图层】面板中的【创建新组】按钮，即可创建一个空的图层组。也可以选择【图层】|【新建】|【组】命令，或在【图层】面板菜单中选择【新建组】命令，打开【新建组】对话框，输入图层组的名称及其他选项，单击【确定】按钮，创建图层组，如图 9-37 所示。

图 9-37　新建组

提示

　　对话框中的【模式】下拉列表用于设置图层组的混合模式。默认为【穿透】选项，表示图层组不产生混合效果。如果选择其他模式，则组中的图层将以该组的混合模式与下面的图层混合。

　　用户也可以在创建图层后，根据选中的图层创建图层组。选中需要创建图层组的图层，然后选择【图层】|【图层编组】命令，或按下 Ctrl+G 组合键即可创建图层组。或在选中图层后，选择【图层】|【新建】|【从图层建立组】命令，或在【图层】面板菜单中选择【从图层新建组】命令，打开【从图层新建组】对话框，设置图层组的名称、颜色和模式等属性，可以将所选图层创建在设置特定属性的图层组内。

§ 9.7.2　取消图层编组

　　在【图层】面板中取消图层编组，但保留图层，可以选择图层组后，选择【图层】|【取消图层编组】命令；或按 Shift+Ctrl+G 组合键；或在图层组上右击，在弹出的菜单中选择【取消图层编组】命令。

9.8　图层样式

　　图层样式用于创建图像特效，是 Photoshop 中最需要的功能之一，并且可以随时修改、隐藏或删除灵活应用。

§ 9.8.1　添加图层样式

　　如要为图层添加样式，可在选中图层后，选择【图层】|【图层样式】命令子菜单中的样式命令；或在【图层】面板中单击【添加图层样式】按钮，在弹出的菜单中选择一个样式；

或双击需要添加样式的图层，打开【图层样式】对话框，在对话框左侧选择要添加的效果。在对话框中设置样式参数后，单击【确定】按钮即可添加图层样式，图层名称右侧会显示图层样式标志 *fx*。单击该标志右侧的 按钮可折叠或展开样式列表。

【例 9-5】为打开的图像添加图层样式。

(1) 启动 Photoshop CS5 应用程序，选择【文件】|【打开】命令，选择打开一幅图像文件，如图 9-38 所示。

(2) 在【图层】面板中单击【添加图层样式】按钮，在弹出的菜单中选择【投影】命令，打开【图层样式】对话框，如图 9-39 所示。

图 9-38 打开图像　　　　　　　　图 9-39 选择样式

(3) 在对话框中，设置【不透明度】为 50%，【角度】为 120 度，【距离】为 29 像素，【大小】为 25 像素，单击【确定】按钮，应用图层样式，如图 9-40 所示。

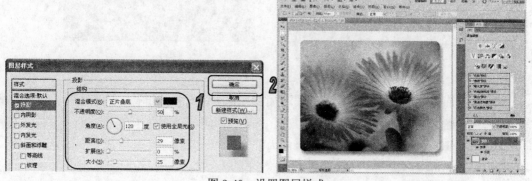

图 9-40 设置图层样式

技巧

在【图层】面板中双击效果名称，可以打开【图层样式】对话框并进入该效果的设置选项。此时，可以修改效果的参数，修改完成后，单击【确定】按钮，可以将修改后的效果应用于图像。

§ 9.8.2 图层样式对话框

【图层样式】对话框的左侧列出了 10 种效果。单击一个效果名称，就可以选中该效果，对话框的右侧会显示与之对应的设置选项。

➤ 【投影】效果可以为图层内容添加投影效果，使其产生立体感，如图 9-41 所示。

➤ 【内阴影】效果可以在图层中的图像边缘内部增加投影效果，使图像产生立体和凹陷的视觉感，如图 9-42 所示。

图 9-41 【投影】　　　　　　图 9-42 【内阴影】

➤ 【外发光】效果可以沿图层内容的边缘向外创建发光效果，如图 9-43 所示。

➤ 【内发光】效果可以沿图层内容的边缘向内创建发光效果，如图 9-44 所示。

图 9-43 【外发光】　　　　　　图 9-44 【内发光】

➤ 【斜面和浮雕】效果可以对图层添加高光和阴影的各种组合，使图层内容呈现立体的浮雕效果，如图 9-45 所示。

➤ 【光泽】效果可以应用光滑光泽的内部阴影，通常用于创建金属表面的光泽外观，如图 9-46 所示。

图 9-45 【斜面和浮雕】　　　　　　图 9-46 【光泽】

> 【颜色叠加】效果可以在图层上叠加指定的颜色，并且通过设置颜色的混合模式和不透明度，可以控制叠加效果，如图 9-47 所示。
> 【渐变叠加】效果可以在图层上叠加指定的渐变颜色，如图 9-48 所示。

图 9-47 【颜色叠加】　　　　　　　　图 9-48 【渐变叠加】

> 【图案叠加】效果可以在图层上叠加指定的图案，并且可以缩放图案、设置图案的不透明度和混合模式，如图 9-49 所示。
> 【描边】效果可以使用颜色、渐变或图案描绘对象的轮廓，效果如图 9-50 所示。

图 9-49 【图案叠加】　　　　　　　　图 9-50 【描边】

§ 9.8.3 显示与隐藏效果

如果要隐藏一个效果，可以单击该效果名称前的可见图标 👁；如果要隐藏一个图层中的所有效果，可单击该图层【效果】前的可见图标 👁；如果要隐藏文档中所有图层的效果，可选择【图层】|【图层样式】|【隐藏所有效果】命令。隐藏效果后，在原可见图标处单击，可以重新显示被隐藏的效果。

§ 9.8.4 复制、粘贴与清除效果

当需要对多个图层应用相同样式效果的时候，拷贝和粘贴样式是最便捷方法。在【图层】面板中，选择添加了图层样式的图层，选择【图层】|【图层样式】|【拷贝图层样式】命令，复制图层样式；或直接在面板中，右击添加了图层样式的图层，在弹出的菜单中选择【拷贝图层】样式命令，复制图层样式。

在面板中选择目标图层，然后选取【图层】|【图层样式】|【粘贴图层样式】命令，或直接在面板中右击图层，在弹出的菜单中选择【粘贴图层样式】命令，可以将复制的图层样式粘贴到该图层中。如图 9-51 所示。

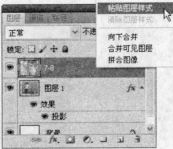

图 9-51　拷贝、粘贴图层样式

技巧

按住 Alt 键将效果图标 *fx* 从一个图层拖动到另一个图层，可以将该图层的所有效果都复制到目标图层；如果只需复制一个效果，可按住 Alt 键拖动该效果的名称至目标图层；如果没有按住 Alt 键，则可以将效果转移到目标图层。

如果要删除一种图层样式，其拖至【删除图层】按钮 上即可；如果要删除一个图层的所有样式，将图层效果名称拖至【删除图层】按钮 上即可。也可以选择样式所在的图层，然后选择【图层】|【图层样式】|【清除图层样式】命令。

§ 9.8.5　使用全局光

在【图层样式】对话框中，【投影】、【内阴影】和【斜面和浮雕】效果都包含了一个【全局光】选项，选择了该选项后，以上效果将使用相同角度的光源。

如果要调整全局光的角度和高度，可选择【图层】|【图层样式】|【全局光】命令，在打开的【全局光】对话框进行设置。

§ 9.8.6　使用等高线

Photoshop 中的等高线用于控制效果在指定范围内的形状，以模拟不同的材质。在【图层样式】对话框中，【投影】、【内阴影】、【内发光】、【外发光】、【斜面和浮雕】和【光泽】效果都包含等高线设置选项。单击【等高线】选项右侧的 按钮，可以在打开的下拉面板中选择预设的等高线样式，如图 9-52 所示。

如果单击等高线缩览图，则可以打开【等高线编辑器】对话框，如图 9-53 所示。【等高线编辑器】与【曲线】对话框相似，用户可以通过添加、删除和移动控制点来修改等高线的形状，从而影响图层样式的外观。

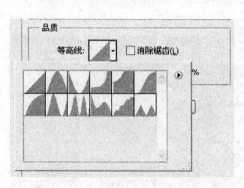

图 9-52　预设等高线

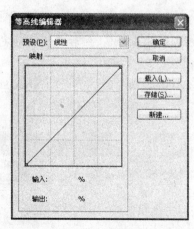

图 9-53　【等高线编辑器】对话框

9.9　使用【样式】面板

【样式】面板用来保存、管理和应用图层样式。用户也可以将 Photoshop 提供的预设样式或外部样式库载入到面板中。

§ 9.9.1　【样式】面板

通过【样式】面板对图像或文字应用预设图层样式效果，并且可以对预设样式进行编辑处理。要应用【样式】面板中的样式，只需先选择所要操作的对象，然后在打开的【样式】面板中单击所需要样式，即可对选择的对象应用样式效果。

【例 9-6】为打开的图像添加图层样式。

(1) 启动 Photoshop CS5 应用程序，选择【文件】|【打开】命令，选择打开一幅图像文件。按住 Alt 键，双击【背景】图层，将其转换为普通图层，如图 9-54 所示。

(2) 打开【样式】面板，单击【拼图(图像)】样式，为图层添加该样式，创建拼图效果，如图 9-54 所示。

图 9-54　打开图像

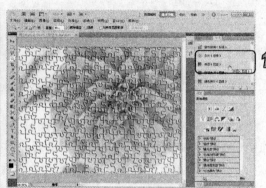

图 9-55　添加样式

新世纪高职高专规划教材

(3) 选择【图层】|【图层样式】|【缩放效果】命令，打开【缩放图层效果】对话框，设置【缩放】为150%，然后单击【确定】按钮调整样式的缩放比例，如图9-56所示。

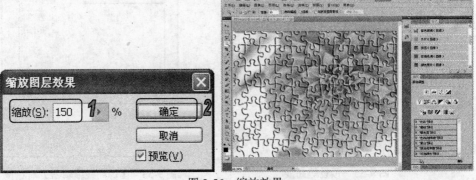

图 9-56　缩放效果

§ 9.9.2　创建样式

【样式】面板中带有大量预设的图层样式，用户也可以将当前的图层效果创建为样式。在【图层】面板中选中图层样式，然后单击【样式】面板中的【创建新样式】按钮 ，或在【样式】面板的空白区域，当光标变为 时单击，打开【新建样式】对话框，设置选项并单击【确定】按钮即可创建样式，如图9-57所示。

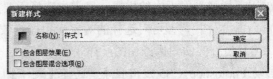

图 9-57　创建样式

> **提示**
>
> 要删除【样式】面板中的样式，直接将样式拖至【删除样式】按钮上释放即可。也可以按住 Alt 键，单击需要删除的样式直接删除。

§ 9.9.3　存储样式

如果在【样式】面板中创建了大量的自定义样式，可以将这些样式单独保存为一个独立的样式库。选择【样式】面板菜单中的【存储样式】命令，在打开的对话框中输入样式库名称和保存位置，单击【确定】按钮，即可将面板中的样式保存为一个样式库，如图9-58所示。再次重新运行 Photoshop 后，该样式库的名称将出现在【样式】面板菜单中。

图 9-58 存储样式

§9.9.4 载入样式库

用户可以通过面板菜单命令载入预设的样式库。在【样式】面板中，单击面板菜单按钮，在打开的菜单中选择所需的图层样式库，然后在弹出的信息提示框中单击【确定】或【追加】按钮，即可添加所需样式库。

【例 9-7】在 Photoshop 中载入样式库。

(1) 打开【样式】面板菜单，在菜单底部选择一个 Photoshop 提供的样式库。在弹出的对话框中，单击【确定】按钮，可以载入样式并替换面板中的样式；单击【追加】按钮，可以将样式添加到面板中；单击【取消】按钮，则取消载入样式的操作。如图 9-59 所示。

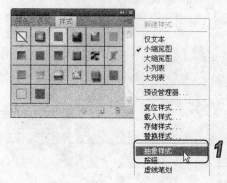

图 9-59 载入样式

(2) 选择面板菜单中的【复位样式】命令，将面板恢复为默认的样式，如图 9-60 所示。

图 9-60 复位样式

(3) 选择面板菜单中的【载入样式】命令，打开【载入】对话框，选择样式库，单击【载

新世纪高职高专规划教材

入】按钮，可将其载入到面板中，如图 9-61 所示。

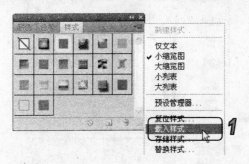

图 9-61　载入样式

9.10　上机实战

本章的上机实战主要练习通过设置图层的混合模式来提高画面颜色的对比度，并丰富画面的色彩层次。

(1) 在 Photoshop CS5 应用程序中，选择菜单栏中的【文件】|【打开】命令，选择打开一幅照片图像，如图 9-62 所示。

(2) 按 Ctrl 键，在【通道】面板中单击 RGB 通道，载入选区，如图 9-63 所示。

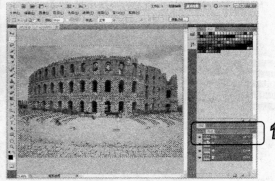

图 9-62　打开图像　　　　　　　图 9-63　载入选区

(3) 在【图层】面板中，按 Ctrl+J 组合键复制选区图像，创建【图层 1】，并设置图层混合模式为【叠加】。如图 9-64 所示。

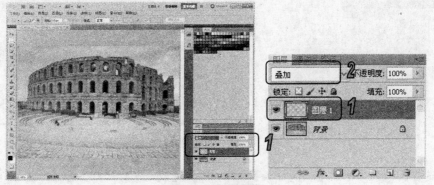

图 9-64　复制图像

(4) 返回【通道】面板，按住 Ctrl 键，单击【红】通道，载入选区，如图 9-65 所示。

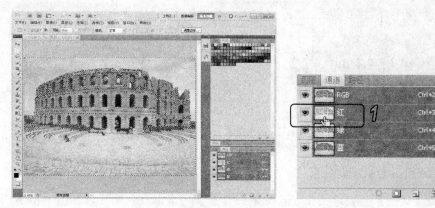

图 9-65　载入选区

(5) 返回【图层】面板，按 Ctrl+J 组合键复制选区图像，创建【图层 2】，并设置图层【不透度】为 30%，如图 9-66 所示。

图 9-66　复制图像

(6) 返回【通道】面板，按住 Ctrl 键，单击【绿】通道，载入选区，如图 9-67 所示。

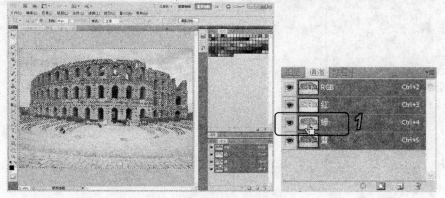

图 9-67　载入选区

(7) 返回【图层】面板，按 Ctrl+J 组合键复制选区图像，创建【图层 3】，并设置图层【混合模式】为【柔光】，如图 9-68 所示。

新世纪高职高专规划教材

图 9-68　复制图像

(8) 返回【通道】面板，按住 Ctrl 键单击【蓝】通道，载入选区，如图 9-69 所示。

(9) 返回【图层】面板，按 Ctrl+J 组合键复制选区图像，创建【图层 4】，并设置图层【不透明度】为 15%，如图 9-70 所示。

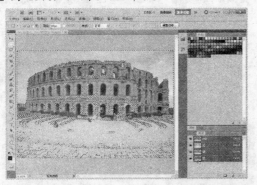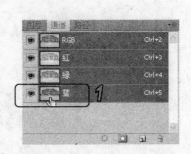

图 9-69　载入选区

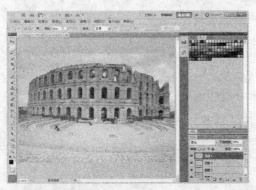

图 9-70　复制图像

9.11　习题

1. 通过【图层样式】对话框，为图像添加【投影】和【斜面和浮雕】图层样式，如图 9-71 所示。

2. 打开两幅图像文件，并通过图层操作调整图像效果，如图 9-72 所示。

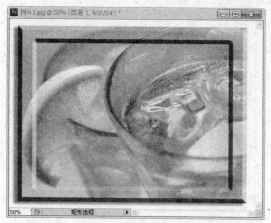

图 9-71　图像效果

图 9-72　图像效果

新世纪高职高专规划教材

应用文字

主要内容　　文字在设计作品中起着解释说明的作用。Photoshop 为用户提供了输入和编辑文字的功能。本章主要介绍了创建文字及设置文字属性等操作方法，使用户在设计作品过程中更加轻松自如地应用文字。

本章重点
- 文字的输入
- 设置文字属性
- 设置段落属性
- 创建变形文字
- 创建路径文字
- 文字转换为形状

10.1　文字的输入

文字是设计作品的重要组成部分，它可以传达信息，还可以美化版面、强化主题。Photoshop 提供了多个用于创建文字的工具。

§ 10.1.1　文字工具选项栏

在使用文字工具输入文字前后，用户都可以在文字工具选项栏中设置字符的属性，包括字体、大小和文字颜色等。选择文字工具后，工具选项栏如图 10-1 所示。该工具选项栏中各选项功能介绍如下。

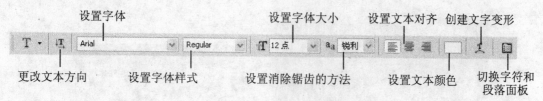

图 10-1　文字工具选项栏

- 更改文本方向 ：如果当前文字为横排文字，单击该按钮，可将其转换为直排文字；如果是直排文字，则可将其转换为横排文字。
- 设置字体：在该选项下拉列表中可以选择字体。

> ➤ 设置字体样式：用于设置字体系列中单个字体的变体，包括 Narrow、Regular、Italic、Bold 和 Bold Italic 等。

> ➤ 设置字体大小：可以选择字体的大小，或直接输入数值来进行调整。

> ➤ 设置消除锯齿的方法：可以选择一种为文字消除锯齿方法，Photoshop 会通过部分填充边缘像素来产生边缘平滑的文字，使文字的边缘混合到背景中而看不出锯齿。

> ➤ 设置文本对齐：根据输入文字时光标的位置来设置文本的对齐方式，包括左对齐文本 、居中对齐文本 和右对齐文本 。

> ➤ 设置文本颜色：单击颜色块，可以在打开的【拾色器】对话框中设置文字颜色。

> ➤ 创建文字变形 ：单击该按钮，可在打开的【变形文字】对话框中为文本添加变形样式，创建变形文字。

> ➤ 切换字符和段落面板 ：单击该按钮，可以显示或隐藏【字符】和【段落】面板。

§ 10.1.2　输入水平、垂直文字

使用【横排文字】工具或【直排文字】工具在图像文件中单击，然后输入文字，即可创建横排或直排的点文字。点文字是一种不可以自动换行的文本，通常用于标题、名称或简短的文字内容。

【例 10-1】在图像文件中，创建点文字。

(1) 在 Photoshop CS5 应用程序中，选择【文件】|【打开】命令，打开一幅图像文件。

(2) 选择【横排文字】工具，在工具选项栏中设置字体为【汉仪雪君体简】、大小为 60 点、颜色为白色，如图 10-2 所示。

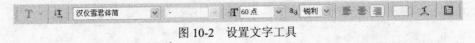

图 10-2　设置文字工具

(3) 在需要输入文字的位置单击，设置插入点，画面中出现闪烁的光标后，输入文字内容。如果要换行，可以按下 Enter 键。文字输入完成后，可以单击工具选项栏中的 按钮，或单击其他工具、按下数字键盘中的 Enter 键、按 Ctrl+Enter 组合键结束操作。同时，【图层】面板中会生成一个文字图层。如图 10-3 所示。

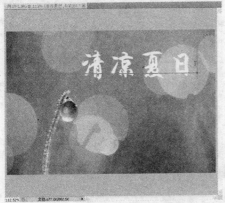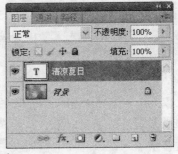

图 10-3　输入文字

§ 10.1.3 输入段落文字

使用文字工具在图像文件窗口中按下鼠标，然后拖动出一个文字定界框，再释放鼠标，接着输入文字，创建的文字即为段落文本。

段落文本会根据文字定界框自动进行换行。创建段落文字后，可以根据需要调整定界框的大小，文字会自动在调整后的定界框内重新排列，通过定界框还可以旋转、缩放和倾斜文字，并且在【段落】面板中可以应用更多的文本设置。

【例 10-2】在图像文件中，创建段落文本。

(1) 在 Photoshop CS5 应用程序中，选择【文件】|【打开】命令，打开一幅图像文件。

(2) 选择工具箱中的【横排文字】工具，在工具选项栏中设置字体样式为【黑体】，字体大小为 24 点，如图 10-4 所示。

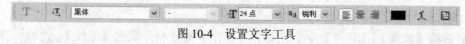

图 10-4　设置文字工具

(3) 使用【横排文字】工具在图像文件中拖动创建文本框，当光标在文本框中闪动时，在文本框中输入文字内容，当文字到达文本框边界时会自动换行，如图 10-5 所示。

(4) 将光标移至文字定界框上，当光标显示为双向箭头时，拖动文本框调整其大小，如图 10-6 所示。最后，在选项栏中单击【提交所有当前编辑】按钮 ✔ 应用编辑。

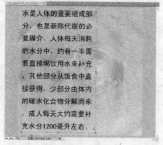

图 10-5　输入文字　　　　　　　　　图 10-6　调整文本框

> **技巧**
>
> 在 Photoshop 应用程序中，点文本和段落文本可以互相转换。选择工具面板中的【移动】工具，并选择【图层】面板中的文本图层，然后选择【图层】|【文字】|【转换为点文本】命令或【转换为段落文本】命令，可进行段落文本与点文本之间的转换操作，如图 10-7 所示。

图 10-7　点文本转换为段落文本

§ 10.1.4 创建文字形状选区

【横排文字蒙版】工具和【直排文字蒙版】工具用于创建文字形状选区。选择其中一个

新世纪高职高专规划教材

工具，在画面单击，然后输入文字即可创建文字选区，也可以使用创建段落文字的方法，单击并拖出一个矩形定界框，在定界框内输入文字创建文字选区。文字形状选区可以像任何其他选区一样被移动、拷贝、填充或者描边。

【例 10-3】在图像文件中，创建文字选区。

(1) 在 Photoshop CS5 应用程序中，选择【文件】|【打开】命令，打开一幅图像文件。

(2) 选择工具箱中的【横排文字蒙版】工具，在工具选项栏中设置字体样式为 Tekton Pro，字体大小为 18 点，如图 10-8 所示。

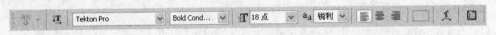

图 10-8　设置文字蒙版工具

(3) 使用【横排文字蒙版】工具，在图像文件中单击，并输入文字内容。按 Ctrl+Enter 组合键结束操作创建选区，如图 10-9 所示。

(4) 选择【编辑】|【描边】命令，打开【描边】对话框。设置【宽度】为 3px，颜色为【白色】，选中【居外】单选按钮，然后单击【确定】按钮，描边文字选区，并按 Ctrl+D 组合键取消选区，如图 10-10 所示。

图 10-9　创建文字选区　　　　　　　　图 10-10　描边选区

10.2　设置文字属性

在输入文字之前，用户除了可以在工具选项栏中设置字符属性外，还可以通过【字符】面板设置文字的字体、大小和颜色等属性。而创建文字之后，也可以通过工具选项栏和【字符】面板修改文字属性。默认情况下，设置字符属性时会影响所选文字图层中的所有文字，如果要修改部分文字，可以先用文字工具将它们选择，再进行编辑设置。

【字符】面板提供了比工具选项栏更多的选项。选择【窗口】|【字符】命令，或单击文字工具选项栏中的【切换字符和段落】面板按钮，打开如图 10-11 所示的【字符】面板。

【字符】面板中各选项作用如下。

➢ 【设置行距】：该选项用于设置文本对象中两行文字之间的间隔距离。设置【设置行距】选项的数值时，可以通过其下拉列表框选择预设的数值，也可以在文本框中自定义数值，或选择下拉列表框中的【自动】选项，根据创建文本对象的字体大小自动设置适当的行距数值。

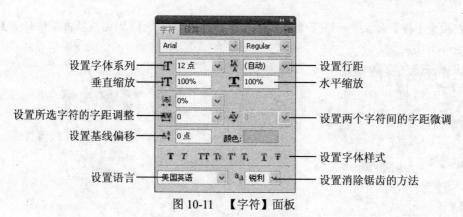

图 10-11 【字符】面板

> 【水平缩放】、【垂直缩放】：水平缩放用于调整字符的宽度，垂直缩放用于调整字符的高度。水平缩放和垂直缩放百分比相同时，可进行等比缩放。

> 【设置所选字符的字距调整】：该选项可调整所选字符的间距；没有选择字符时，可调整所有字符的间距。用户可以在其下拉列表框中选择 Photoshop 预设的参数数值，也可以在其文本框中直接输入所需的参数数值。

> 【设置两个字符间的字距微调】：该选项用来调整两个字符之间的间距，在操作时首先在要调整间距的两个字符之间单击，设置插入点，然后再调整数值。

> 【设置基线偏移】：该文本框用于设置选择文字的向上或向下偏移数值。设置该选项参数后，不会影响整体文本对象的排列方向。

> 【字符样式】：在该选项区域中，通过单击不同的文字样式按钮，可以设置文字为仿粗体 T、仿斜体 T、全部大写字母 TT、小型大写字母 Tr、上标 T¹、下标 T₁、下划线 T 以及删除线 T 等样式的文字。

> 【语言】：该选项可对所选字符进行有关连字符和拼写规则的语言设置。

【例 10-4】在图像文件中，输入文字内容，并通过【字符】面板设置文字格式。

(1) 在 Photoshop CS5 应用程序中，选择【文件】|【打开】命令，打开一幅图像文件。如图 10-12 所示。

图 10-12 打开图像

图 10-13 输入文字

(2) 选择工具箱中的【横排文字】工具，在图像文件单击并输入文字内容，然后按 Ctrl+Enter 组合键操作，如图 10-13 所示。

(3) 单击选项栏中的【切换字符和段落面板】按钮 ，打开【字符】面板。设置字体系列为【华文琥珀】，字体大小为 40 点，如图 10-14 所示。

（4）在【字符】面板中，设置【设置所选字符的字距调整】为50，单击【仿斜体】按钮，如图10-15所示。

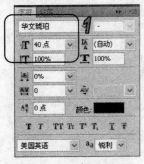 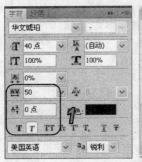 

图10-14　设置字体　　　　　　　　图10-15　设置字体

（5）单击【字符】面板中的【颜色】色板，打开【拾色器】对话框，设置文本颜色为RGB为155、125、75，然后单击【确定】按钮，应用设置颜色，如图10-16所示。

 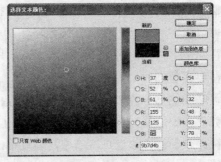

图10-16　设置字体

（6）在【图层】面板中双击文字图层，打开【图层样式】对话框。在对话框中选择【投影】图层样式，设置【不透明度】为35%，然后单击【确定】按钮，应用图层样式。如图10-17所示。

图10-17　设置图层样式

10.3　设置段落属性

【段落】面板用于设置段落文本的编排方式，如设置段落文本的对齐方式和缩进值等。单击选项栏中的【显示/隐藏字符和段落面板】按钮，或者选择【窗口】|【段落】命令都可以

打开如图 10-18 所示的【段落】面板，通过设置面板内容选项即可设置段落文本属性。

➢ 【左对齐文本】按钮：单击该按钮，创建的文字会以整个文本对象的左边为界，强制进行文本左对齐。【左对齐文本】按钮为段落文本的默认对齐方式。

➢ 【居中对齐文本】按钮：单击该按钮，创建的文字会以整个文本对象的中心线为界，强制进行文本居中对齐。

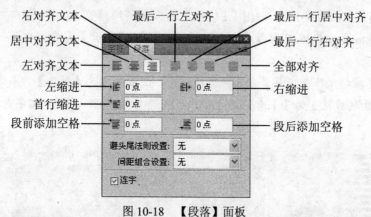

图 10-18 【段落】面板

➢ 【右对齐文本】按钮：单击该按钮，创建的文字会以整个文本对象的右边为界，强制进行文本右对齐。

➢ 【最后一行左对齐】按钮：单击该按钮，段落文本中的文本对象会以整个文本对象的左右两边为界强制对齐，同时将处于段落文本最后一行的文本以其左边为界进行强制左对齐。该按钮为段落对齐时较为常用的对齐方式。

➢ 【最后一行居中对齐】按钮：单击该按钮，段落文本中的文本对象会以整个文本对象的左右两边为界强制对齐，同时将处于段落文本最后一行的文本以其中心线为界进行强制居中对齐。

➢ 【最后一行右对齐】按钮：单击该按钮，段落文本中的文本对象会以整个文本对象的左右两边为界强制对齐，同时将处于段落文本最后一行的文本以其右边为界进行强制右对齐。

➢ 【全部对齐】按钮：单击该按钮，段落文本中的文本对象会以整个文本对象的左右两边为界，强制对齐段落中的所有文本对象。

➢ 【左缩进】文本框：用于设置段落文本中，每行文本两端与文字定界框左边界向右的间隔距离，或上边界(对于直排格式的文字)向下的间隔距离。

➢ 【右缩进】文本框：用于设置段落文本中，每行文本两端与文字定界框右边界向左的间隔距离，或下边界(对于直排格式的文字)向上的间隔距离。

➢ 【首行缩进】文本框：用于设置段落文本中，第一行文本与文字定界框左边界向右，或上边界(对于直排格式的文字)向下的间隔距离。

➢ 【段前添加空格】文本框：用于设置当前段落与其前面段落的间隔距离。

➢ 【段后添加空格】文本框：用于设置当前段落与其后面段落的间隔距离。

> ➤ 【避头尾法则设置】：不能出现在一行的开头或结尾的字符称为避头尾字符。而避头尾法则是用于指定亚洲文本的换行方式。Photoshop 提供了 JIS 宽松和严格的避头尾设置。

> ➤ 【连字】复选框：选中该复选框，在输入英文词过程中，系统会根据文字定界框自动换行时添加连字符。

【例 10-5】在图像文件中，使用【段落】面板调整段落文本。

(1) 在 Photoshop CS5 应用程序中，选择【文件】|【打开】命令，打开一幅图像文件。如图 10-19 所示。

(2) 选择【横排文字】工具，在工具选项栏中，设置字体为【黑体】，字体大小为 18 点，【设置消除锯齿的方法】为【平滑】，然后图像中创建文本框，并输入文字内容。如图 10-20 所示。

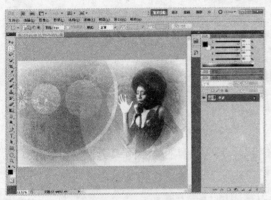

图 10-19　打开图像　　　　　　　　　图 10-20　输入文字

(3) 按 Ctrl+Enter 组合键结束操作，单击工具选项栏中的【切换字符和段落面板】按钮 ，打开【段落】面板。在面板中，单击【最后一行左对齐】按钮，设置【首行缩进】为 40 点，设置【段后添加空格】为 20 点，如图 10-21 所示。

图 10-21　设置段落文本格式

10.4　创建变形文字

输入文字后，可以对创建的文字进行变形处理。单击工具选项栏中的【创建文字变形】

按钮，打开【变形文字】对话框，在【样式】下拉列表框中选择一种变形样式即可设置文字的变形效果。

【例 10-6】在图像文件中，使用【文字变形】命令变形文字。

(1) 打开一幅图像文件，选择文字图层，如图 10-22 所示。

(2) 选择【图层】|【文字】|【文字变形】命令，打开【变形文字】对话框。在【样式】下拉列表中选择【扇形】选项，设置【弯曲】值为 30%，如图 10-23 所示。

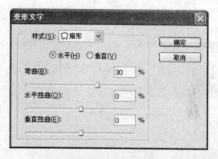

图 10-22　打开图像　　　　　　　　　　　　图 10-23　变形文字

(3) 在【图层】面板中双击文字图层，打开【图层样式】对话框。在对话框中选择【投影】图层样式，设置【不透明度】为 35%，然后单击【确定】按钮，应用图层样式。如图 10-24 所示。

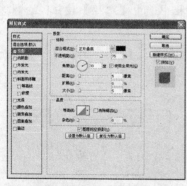

图 10-24　添加图层样式

10.5　创建路径文字

在 Photoshop CS5 中可以以两种方式在路径上创建文字，一种是沿路径边缘创建文字，另一种是在闭合路径内部创建文字。

§ 10.5.1　创建路径文字

要沿路径创建文字，首先需要在图像中创建路径，然后选择文字工具，将光标置于路径

新世纪高职高专规划教材

上，当其显示为🖫时单击，即可在路径上显示文字插入点，从而可以沿路径创建文字。在路径上输入水平文字时，字母与基线垂直。在路径上输入垂直文字时，文本的方位与基线平行。也可以移动路径或改变路径的形状，此时文字就会遵循新的路径方向或形状排列，如图 10-25所示。

图 10-25　沿路径创建文字

要在闭合路径内创建路径文字，需要先在图像文件窗口中创建闭合路径，然后选择工具箱中的文字工具，移动光标至闭合路径中，当光标显示为⬧时单击，即可在路径区域中显示文字插入点，从而可以在路径闭合区域中创建文字内容，如图 10-26 所示。

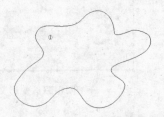

图 10-26　闭合路径内创建文字

【例 10-7】在打开的图像文件中创建路径文字。

(1) 打开一幅图像文件，选择钢笔工具，在工具选项栏中选中【路径】按钮，绘制路径，如图 10-27 所示。

(2) 选择【横排文字】工具，单击【切换字符和段落面板】按钮 📰，打开【字符】面板。设置字体、大小及行距，如图 10-28 所示。

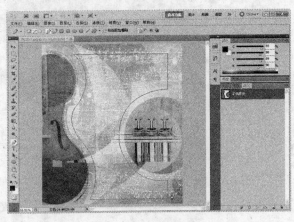

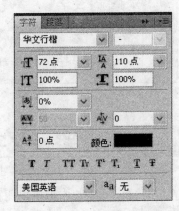

图 10-27　绘制路径　　　　　　　　　　图 10-28　设置字体

(3) 使用文字工具在路径中单击，并输入文字内容，然后按 **Ctrl+Enter** 组合键结束操作。在【图层】面板的空白处单击，隐藏路径，如图 10-29 所示。

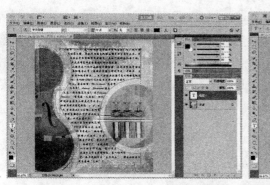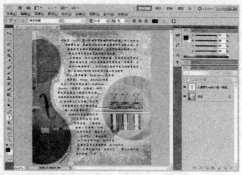

图 10-29　创建路径文字

§ 10.5.2　编辑路径文字

不管是沿路径创建文字，还是在闭合路径中创建文字，用户都可以使用路径编辑工具，对其路径形状进行调整。在调整路径时，路径上的文字或闭合路径内文字会随路径形状的改变而改变。如使用【直接选择】工具单击路径，显示锚点，然后调整路径形状即可改变路径上的文字效果。如图 10-30 所示。

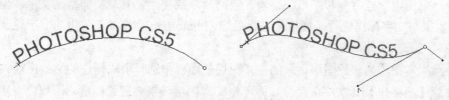

图 10-30　调整文字路径

要调整所创建文字在路径上的位置，在工具箱中选择【直接选择】工具或【路径选择】工具，再移动光标至文字上，当其显示为 I 或 ⟔ 时按下鼠标，沿着路径方向拖移文字即可。如图 10-31 所示。在拖移文字过程中，还可以拖动文字至路径的内侧或外侧。

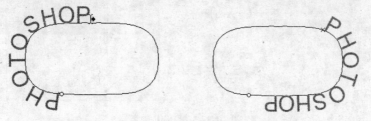

图 10-31　移动文字

10.6　文字转换为形状

Photoshop 提供了将文字转换为形状的功能。使用该功能文字图层就由包含基于矢量蒙版的图层替换。同时，用户可以使用【路径选择】工具对文字路径进行调节，创建更具设计感的字形。

但在【图层】面板中，将文字转换为形状后，文字图层将失去文字的一般属性，无法再编辑更改文字属性。要将文字转换为形状，在【图层】面板中所需操作的文本图层上右击，在弹出的快捷菜单中选择【转换为形状】命令即可，如图 10-32 所示。

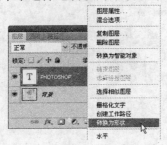

图 10-32　转换为形状

10.7　栅格化文字

在 Photoshop 中，用户不能对文本图层中创建的文字对象使用描绘工具或滤镜命令等工具和命令。要使用这些命令和工具，必须在应用命令或使用工具之前栅格化文字。但需要注意的是，如果对文字图层进行了栅格化进行处理，Photoshop 会将基于矢量的文字轮廓转换为像素，同时失去文字的属性。

要转换文本图层为普通图层，只需在【图层】面板中选择所需操作的文本图层，然后选择【图层】|【栅格化】|【文字】命令，即可将文本图层转换为普通图层。用户也可以在【图层】面板中，在需要转换的文本图层上右击，在弹出的快捷菜单中选择【栅格化文字】命令，如图 10-33 所示。

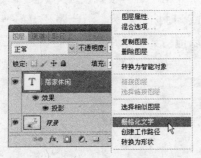

图 10-33　栅格化文字

10.8　上机实战

本章的上机实战主要练习制作文字排版效果，使用户巩固掌握文字输入、路径文字等操作的方法和技巧。

(1) 选择【文件】|【打开】命令，选择一幅图像文件，如图 10-34 所示。

(2) 选择【直排文字】工具，在图像中单击输入文字内容，然后按 Ctrl+Enter 组合键结束输入，如图 10-35 所示。

图 10-34　打开图像　　　　　　　　　　图 10-35　输入文字

(3) 在工具栏中单击【切换字符和段落面板】按钮，打开【字符】面板，设置字体样式、大小及颜色，单击【仿粗体】按钮，如图 10-36 所示。

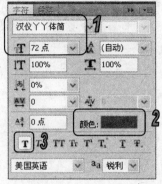

图 10-36　设置字体

(4) 双击文字图层，打开【图层样式】对话框，选择【投影】选项，设置【不透明度】为 25%，【大小】为 3 像素，然后单击【确定】按钮，如图 10-37 所示。

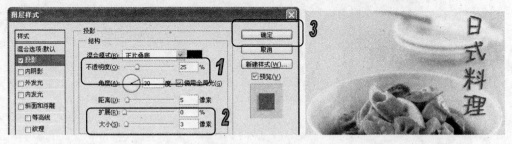

图 10-37　设置图层样式

(5) 选择【圆角矩形】工具，在选项栏中单击【路径】按钮，设置【半径】为 80px，然后使用【圆角矩形】工具绘制路径，如图 10-38 所示。

(6) 选择【横排文字】工具，在路径中单击输入文字内容，然后选中文字内容，在选项栏中设置字体和大小，如图 10-39 所示。

新世纪高职高专规划教材

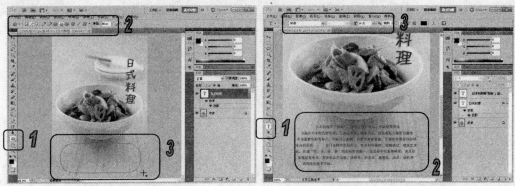

图 10-38　绘制路径　　　　　　　　　　　　图 10-39　创建路径文字

10.9　习题

1. 打开任意图像文件，输入文字内容，并练习使用【字符】面板调整文字外观。
2. 打开任意图像文件，输入文字内容，并使用【文字变形】命令变形文字效果。

第11章

通道与蒙版

主要内容　通道与蒙版在 Photoshop 的图像编辑过程中非常重要。用户可以通过不同的颜色通道，以及图层蒙版、矢量蒙版和剪贴蒙版创建生动的画面效果。本章主要介绍通道、蒙版的创建与编辑等内容。

本章重点

> 矢量蒙版
> 图层蒙版
> 剪贴蒙版

> 【通道】面板
> 【应用图像】命令
> 【计算】命令

11.1　蒙版

Photoshop 中的蒙版用于控制图像显示区域，是合成图像的重要工具。实际上，蒙版是一种遮罩，使用蒙版可对图像中不需要编辑的图像区域进行保护，以达到制作画面融合的效果，如图 11-1 所示。

图 11-1　应用蒙版

11.2　【蒙版】面板

蒙版主要分为矢量蒙版、图层蒙版和剪贴蒙版。蒙版的类型不同，其基本操作方法也不同。图层蒙版通过蒙版中的灰度信息控制图像的显示区域；剪贴蒙版通过一个对象的形状控制其他图层的显示区域，矢量蒙版通过路径和矢量形状控制图像的显示区域。

【蒙版】面板用于调整选定的滤镜蒙版、图层蒙版或矢量蒙版的不透明度和羽化范围，如图 11-2 所示。

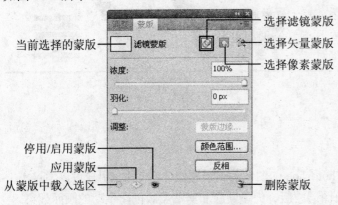

当前选择的蒙版

选择滤镜蒙版
选择矢量蒙版
选择像素蒙版

停用/启用蒙版
应用蒙版
从蒙版中载入选区
删除蒙版

图 11-2　【蒙版】面板

提示

　　【蒙版】面板中，一般只显示【添加像素蒙版】图标 和【添加矢量蒙版】图标。当在文档中创建智能滤镜后，才会显示【选择滤镜蒙版】图标。

【蒙版】面板中各选项和按钮的具体作用如下。

➢ 当前选择的蒙版：显示在【图层】面板中选择的蒙版类型。

➢ 【选择像素蒙版】、【选择矢量蒙版】：单击 按钮可添加像素蒙版；单击 按钮可选择矢量蒙版。

➢ 【浓度】：拖动浓度滑块可以控制蒙版的不透明度。

➢ 【羽化】：拖动羽化滑块可以柔化蒙版的边缘。

➢ 【蒙版边缘】：单击该按钮，可以打开【调整蒙版】对话框，可在其中修改蒙版边缘，并针对不同的背景查看蒙版，其操作与使用【调整边缘】命令调整选区边缘相同。

➢ 【颜色范围】：单击该按钮，可以打开【色彩范围】对话框，通过在图像中取样并调整颜色容差可以设置蒙版范围。

➢ 【反相】：单击该按钮，反转蒙版的遮盖区域。

➢ 【从蒙版中载入选区】：单击该按钮，可以载入蒙版中包含的选区。

➢ 【应用蒙版】：单击该按钮，可以将蒙版应用到图像中，使原来被蒙版遮盖的区域成为透明区域。

➢ 【停用/启用蒙版】：单击该按钮，可以停用或重新启用蒙版。停用蒙版时，蒙版缩览图上会出现一个红色的×。

➢ 【删除蒙版】：单击该按钮，可删除当前选择的蒙版。在【图层】面板中，将蒙版缩览图拖至【删除图层】按钮上释放，也可以将其删除。

11.3　矢量蒙版

　　矢量蒙版是由【钢笔】工具或形状工具创建的蒙版。它通过路径和矢量形状来控制图像的显示区域，可以任意缩放。

§ 11.3.1　创建矢量蒙版

要创建矢量蒙版，在选中图层后，单击【蒙版】面板中的【选择矢量蒙版】图标 ，然后使用【钢笔】工具或形状工具在图层中绘制形状即可。

【例 11-1】在打开的图像文件中，创建矢量蒙版。

(1) 打开一幅图像文件，在【图层】面板中，按住 Alt 键，双击【背景】图层，将其转换为普通图层，如图 11-3 所示。

(2) 选择【自定形状】工具，单击【路径】按钮，在形状下拉面板中选择形状，按住 Shift 键锁定比例，单击并拖动鼠标绘制形状，如图 11-4 所示。

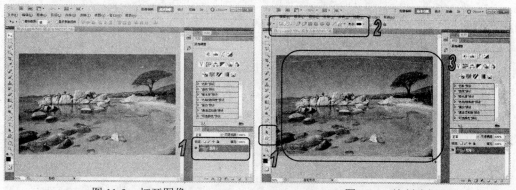

图 11-3　打开图像　　　　　　　　　　图 11-4　绘制路径

(3) 选择【图层】|【矢量蒙版】|【当前路径】命令，或按住 Ctrl 键单击【选择像素蒙版】按钮，即可基于当前路径创建矢量蒙版，路径区域外的图像会被蒙版遮盖。如图 11-5 所示。

图 11-5　创建蒙版

§ 11.3.2　编辑矢量蒙版形状

在【图层】面板中，选择包含要编辑的矢量蒙版的图层。单击【蒙版】面板中的【矢量蒙版】按钮，或单击【路径】面板中的缩览图后，可以使用形状、钢笔或直接选择工具更改形状，或设置蒙版效果。

新世纪高职高专规划教材

【例 11-2】 在打开的图像文件中，使用【蒙版】面板调整图像。

(1) 选择打开一幅图像文件，在【图层】面板中，单击【图层 0】的矢量蒙版，选择矢量蒙版，如图 11-6 所示。

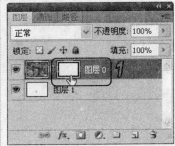

图 11-6　选择蒙版

(2) 单击【蒙版】面板标签，打开【蒙版】面板，设置【浓度】为 90%，【羽化】为 8px，如图 11-7 所示。

图 11-7　调整蒙版

§ 11.3.3　变换矢量蒙版

单击【图层】面板中的矢量蒙版缩览图，选择【编辑】|【变换路径】命令子菜单中的命令，即可对矢量蒙版进行各种变换操作。

矢量蒙版的变换方法与图像的变换方法相同。矢量蒙版是基于矢量对象的蒙版，与分辨率无关。因此，在进行变换和变形操作时不会产生锯齿。

§ 11.3.4　将矢量蒙版转换为图层蒙版

选择矢量蒙版所在的图层，选择【图层】|【栅格化】|【矢量蒙版】命令，可以栅格化矢量蒙版，将其转换为图层蒙版，如图 11-8 所示。

图 11-8 转换蒙版

11.4 图层蒙版

图层蒙版是一种灰度图像，它可以隐藏全部或部分图层内容，对合成图像非常重要。蒙版中的白色区域可以遮盖下面图层中的内容，只显示当前图层中的图像；黑色区域可以遮盖当前图层中的图像，显示下面图层中的内容；蒙版中的灰色区域会根据其灰度值使当前图层中的图像呈现出不同层次的透明效果。

图层蒙版对图层的影响是非破坏性的，随时可以取消或重新编辑蒙版效果，而不会影响图像的像素。

§ 11.4.1 创建图层蒙版

创建图层蒙版时，需要确定是要隐藏还是显示所有图层，也可以在创建蒙版之前建立选区，通过选区使创建的图层蒙版自动隐藏部分图层内容。

在【图层】面板中选择需要添加蒙版的图层，然后单击面板底部的【添加图层蒙版】按钮，或选择【图层】|【图层蒙版】|【显示全部】或【隐藏全部】命令即可创建图层蒙版。

【例 11-3】在打开的图像文件中，创建图层蒙版调整图像。

(1) 选择打开一幅图像文件，并在【图层】面板中选中【图层 1】图层，如图 11-9 所示。

(2) 单击【图层】面板中的【添加图层蒙版】按钮，为【图层 1】图层添加蒙版，如图 11-10 所示。

图 11-9 打开图像　　　　　　图 11-10 添加蒙版

(3) 选择【画笔】工具，在工具选项栏中单击 按钮，在弹出的下拉面板中选择【粗边圆形钢笔】画笔样式，设置画笔的【大小】为400px，然后使用【画笔】工具在图层蒙版中涂抹，如图11-11所示。

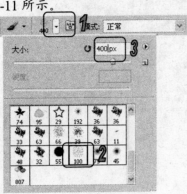

图 11-11　调整蒙版

 提示 ┄┄┄┄┄┄┄┄┄┄┄┄┄┄┄┄┄┄┄┄┄┄┄┄┄┄┄┄┄┄┄┄┄┄┄┄┄

　　【图层】|【图层蒙版】命令子菜单中包含与蒙版有关的命令。选择【停用】命令，可暂时停用图层蒙版，蒙版缩览图上会出现一个红色×；选择【启用】命令，可重新启用蒙版；选择【应用】命令，可以将蒙版应用到图像中；选择【删除】命令，则可删除图层蒙版。

§ 11.4.2　从选区中生成蒙版

　　创建选区后，可以选择【图层】|【图层蒙版】|【显示选区】命令，基于选区创建图层蒙版；如果选择【图层】|【图层蒙版】|【隐藏选区】命令，则选区内的图像将被蒙版遮盖。用户也可以在创建选区后，直接单击【添加图层蒙版】按钮，从选区生成蒙版。

　　【例11-4】在打开的图像文件中，使用选区创建蒙版。

　　(1) 选择【文件】|【打开】命令，选择打开一幅图像文件。如图11-12所示。

　　(2) 选择【多边形套索】工具，在图像中创建选区，如图11-13所示。

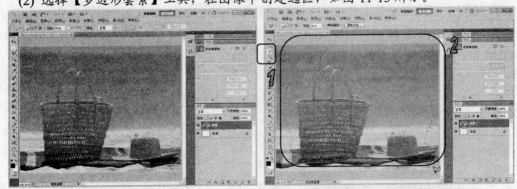

图 11-12　打开图像　　　　　　　　　　图 11-13　创建选区

　　(3) 选择【选择】|【修改】|【羽化】命令，打开【羽化选区】对话框，设置【羽化半径】数值为50像素，然后单击【确定】按钮，如图11-14所示。

(4) 选择【图层】|【图层蒙版】|【显示选区】命令，根据选区创建图层蒙版，如图 11-15 所示。

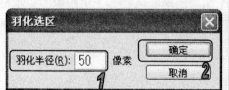

图 11-14 羽化选区

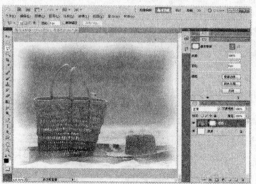

图 11-15 创建蒙版

§ 11.4.3 复制与转移蒙版

按住 Alt 键，将一个图层的蒙版拖至另一个图层，可以将蒙版复制到目标图层，如图 11-16 所示。如果直接将蒙版拖至另一个图层，则可以将蒙版转移到目标图层，源图层将取消蒙版。

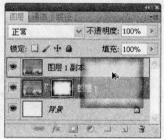

图 11-16 复制蒙版

§ 11.4.4 链接与取消链接蒙版

创建图层蒙版后，蒙版缩览图和图像缩览图中间将出现一个链接图标，它表示蒙版与图像处于链接状态。此时，进行变换操作，蒙版会与图像将一同变换。选择【图层】|【图层蒙版】|【取消链接】命令，或单击链接图标，可以取消链接，如图 11-17 所示。取消链接后，可以单独变换图像和蒙版。

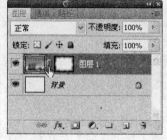
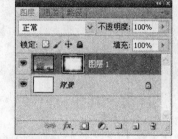

图 11-17 取消链接

要重新链接蒙版,可以选择【图层】|【图层蒙版】|【链接】命令,或再次单击链接图标的位置。

11.5 剪贴蒙版

剪贴蒙版时一种非常灵活的蒙版,它使用一个图像的形状限制其上层图像的显示范围。剪贴蒙版可以通过一个图层控制多个图层的显示区域,但它们必须是连续的,而矢量图层和图层蒙版都只能控制一个图层的显示区域。

§ 11.5.1 创建剪贴蒙版

在剪贴蒙版中,最下面的图层为基底图层,上面的图层为内容图层。基底图层名称下带有下划线,内容图层的缩览图是缩进的,并且带有剪贴蒙版图标 ,如图 11-18 所示。

在【图层】面板中,选择【图层】|【创建剪贴蒙版】命令,或在要应用剪贴蒙版的图层上右击,在弹出的菜单中选择【创建剪贴蒙版】命令,或按住 Alt 键,将光标置于【图层】面板中分隔两组图层的线上(指针会变成两个交迭的圆),然后单击,也可以创建剪贴蒙版,如图 11-19 所示。

图 11-18 剪贴蒙版　　　　　　　　　图 11-19 创建剪贴蒙版

【例 11-5】在图像文件中,创建剪贴蒙版。

(1) 选择【文件】|【打开】命令,选择打开一幅图像文件,如图 11-20 所示。

(2) 选择工具箱中【自定形状】工具,在工具选项栏中单击【形状图层】按钮,选择一个形状,绘制形状图层,如图 11-21 所示。

图 11-20 打开图像　　　　　　　　　图 11-21 绘制形状

(3) 在【图层】面板中选中【图层 1】，选择【图层】|【创建剪贴蒙版】命令，或按下 Alt+Ctrl+G 组合键，将该图层与其下面的图层创建为一个剪贴蒙版，如图 11-22 所示。

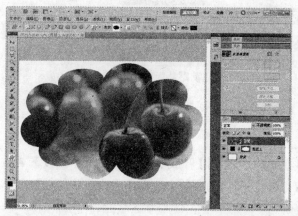

图 11-22　创建剪贴蒙版

§ 11.5.2　设置剪贴蒙版的不透明度和混合模式

剪贴蒙版使用基底图层的不透明度和混合模式属性。因此，调整基底图层的不透明度和混合模式时，可以控制整个剪贴蒙版的不透明度和混合模式，如图 11-23 所示。

调整内容图层的不透明度时和混合模式，仅作用于其自身，不会影响剪贴蒙版中其他图层的不透明度和混合模式。

图 11-23　设置不透明度

§ 11.5.3　将图层加入或移出剪贴蒙版

将一个图层拖动到剪贴蒙版的基底图层上，可将其加入到剪贴蒙版中；将内容图层移出剪贴蒙版，则可以释放该图层，如图 11-24 所示。选择一个内容图层，选择【图层】|【释放剪贴蒙版】命令，也可以从剪贴蒙版中释放出该图层，如果该图层上面还有其他内容图层，则这些图层也会一同释放。

新世纪高职高专规划教材

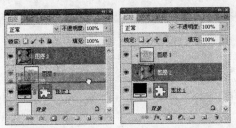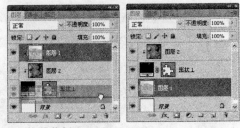

图 11-24　加入、移出剪贴蒙版

§ 11.5.4　释放剪贴蒙版

选择基底图层正上方的内容图层，选择【图层】|【释放剪贴蒙版】命令，或按下 Alt+Ctrl+G 组合键，或直接在要释放的图层上右击，在弹出的菜单中选择【释放剪贴蒙版】命令，即可释放全部剪贴蒙版。

用户也可以按住 Alt 键，将光标置于剪贴蒙版中两个图层之间的分隔线上(光标会变成两个交迭的圆 ⬤)，然后单击，可以释放剪贴蒙版中的图层，如图 11-25 所示。

图 11-25　释放剪贴蒙版

11.6　通道类型

在 Photoshop 中，通道是图像文件的一种颜色数据信息存储形式，它与图像文件的颜色模式密切关联，多个分色通道叠加在一起，可以组成一幅具有颜色层次的图像。通道还可以用来存放选区和蒙版，帮助用户完成更复杂的操作和控制图像的特定部分。

在 Photoshop 中，通道可以分为颜色通道、Alpha 通道和专色通道 3 类，每一类通道都有其不同的功能与操作方法。

> ➢ 颜色通道：用于保存图像的颜色信息的通道，在打开图像时自动创建。图像所具有的原色通道的数量取决于图像的颜色模式。位图模式及灰度模式的图像有一个原色通道，RGB 模式的图像有 4 个原色通道，CMYK 模式有 5 个原色通道，Lab 模式有 3 个原色通道，HSB 模式的图像有 4 个原色通道。

> ➢ Alpha 通道：用于存放选区信息的，其中包括选区的位置、大小以及羽化值等。Alpha 通道是灰度图像，可以使用绘画工具、编辑工具和滤镜命令对通道效果进行编辑处理。

> ➢ 专色通道：可以指定用于专色油墨印刷的附加印版。专色是特殊的预混油墨，用于替代或补充印刷色(CMYK)油墨，例如金色、银色和荧光色等特殊颜色。印刷时每

新世纪高职高专规划教材

种专色都要求专用的印版，而专色通道可以把 CMYK 油墨无法呈现的专色指定到专色印版上。

11.7　【通道】面板

在 Photoshop 应用程序中，要对通道进行操作，必须使用【通道】面板，选择【窗口】|【通道】命令，即可打开【通道】面板，如图 11-26 所示。在面板中，将根据图像文件的颜色模式显示通道数量。在【通道】面板中可以通过直接单击通道的方式选择所需通道，也可以按住 Shift 键单击选中多个通道。所选择的通道会以高亮的方式显示，当用户选择复合通道时，所有分色通道都以高亮方式显示。【通道】面板中各按钮作用如下。

> 　　【将通道作为选区载入】按钮：单击该按钮，可将通道中的图像内容转换为选区。
> 　　【将选区存储为通道】按钮：单击该按钮，可以将当前图像中的选区以图像方式存储在自动创建的 Alpha 通道中。
> 　　【创建新通道】按钮：单击该按钮，可在【通道】面板中创建一个新通道。
> 　　【删除当前通道】按钮：单击该按钮，可以删除当前用户所选择的通道，但不能删除图像的原色通道。

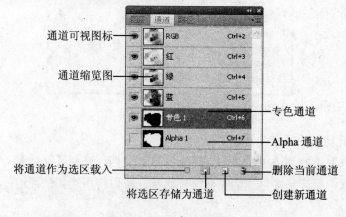

技巧

双击【通道】面板中一个通道的名称，在显示的文本框中可以为其输入新的名称。复合通道和颜色通道不能重命名。

图 11-26　【通道】面板

11.8　编辑通道

在 Photoshop 的【通道】面板中，可以对图像颜色通道进行编辑操作，如复制、删除、分离以及合并等。

§ 11.8.1　复制通道

在进行图像处理过程中，有时需要对某一通道进行多个处理，从而获得特殊的视觉效果，或者需要复制图像文件中的某个通道并应用到其他图像文件中，这时就需要通过通道的复制

新世纪高职高专规划教材

操作完成。将一个通道拖动至【通道】面板中的【创建新通道】按钮上，可复制该通道，如图 11-27 所示。

图 11-27　复制通道

在 Photoshop 中，不仅可以对同一图像文件中的通道进行多次复制，也可以在不同的图像文件之间复制任意的通道。要复制当前图像文件的通道到其他图像文件中，直接拖动需要复制的通道至其他图像文件窗口中释放即可。或选择【通道】面板中所需复制的通道，然后在面板控制菜单中选择【复制通道】命令，打开【复制通道】对话框，如图 11-28 所示。该对话框中各选项作用如下。

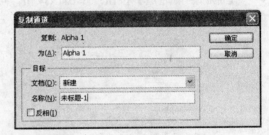

图 11-28　复制通道

> 【为】文本框：用于设置所复制的通道名称。
> 【目标】选项区：在【文档】下拉列表中选择复制通道的目标文档。选择【新建】选项，并在【名称】文本框中设置所要创建的图像文件名称，可以将所选择的通道复制到创建的图像文件中。
> 【反相】复选框：选中复选框可以反转复制通道中的蒙版区域和选区区域。

§ 11.8.2　删除通道

在【通道】面板中选择要删除的通道，单击【删除当前通道】按钮，可将其删除，也可以直接将通道拖动到该按钮上进行删除。复合通道不能被复制，也不能被删除。颜色通道可以被复制和删除。但如果删除了一个颜色通道，图像就会自动转换为多通道模式。

§ 11.8.3　通道与选区的互相转换

如果在当前文档中创建了选区，单击【通道】面板中的【将选区存储为通道】按钮，可以将选区保存到 Alpha 通道中，如图 11-29 所示。

图 11-29　将选区存储为通道

在【通道】面板中，选择要载入选区的 Alpha 通道，单击【将通道作为选区载入】按钮，可将通道中的选区载入到图像中，如图 11-30 所示。按住 Ctrl 键，单击 Alpha 通道缩览图，可以直接载入通道中的选区。

图 11-30　将通道作为选区载入

§ 11.8.4　通过分离通道创建灰度图像

使用【通道】面板扩展菜单中的【分离通道】命令可以将一幅图像文件的通道拆分为单独的图像文件，并且原文件同时被关闭。如可以将一个 RGB 颜色模式的图像文件分离为 3 个灰度图像文件，并可以根据通道名称分别命名，如图 11-31 所示。

图 11-31　分离通道

§ 11.8.5　通过合并通道创建彩色图像

选择【通道】面板扩展菜单中的【合并通道】命令，即可合并分离出的灰度图像文件为

新世纪高职高专规划教材

一个图像文件。选择该命令，可以打开【合并通道】对话框。在【合并通道】对话框中，可以定义合并通道采用的颜色模式以及通道数量。如图 11-32 所示。

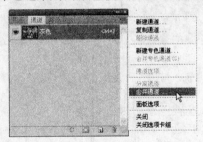

图 11-32　合并通道

默认情况下，使用【多通道】模式即可。设置完成后，单击【确定】按钮，打开一个随对应颜色模式的设置对话框。例如，选择 RGB 模式时，会打开【合并 RGB 通道】对话框。用户可在该对话框中进一步设置需要合并的各个通道的图像文件。设置完成后，单击【确定】按钮，即可将设置的多个图像文件合并为一个图像文件，并且按照设置转换各个图像文件分别为新图像文件中的分色通道。

11.9　【应用图像】命令

【应用图像】命令可以将一个图像的图层和通道与当前图像的图层和通道混合。该命令与混合模式的关系密切，常用来创建特殊的图像合成效果。选择【图像】|【应用图像】命令，可以打开【应用图像】对话框，如图 11-33 所示。该对话框中各选项功能如下。

图 11-33　【应用图像】对话框

 技巧

若要为目标图像设置可选取范围，可以选中【蒙版】复选框，将图像的蒙版应用到目标图像。通道、图层透明区域，以及快速遮罩都可以作为蒙版使用。

➤ **【源】选项**：该下拉列表列出当前所有打开图像的名称，默认设置为当前的活动图像，从中可以选择一个源图像与当前的活动图像相混合。源图像必须是打开的图像文件，并且与当前图像文件具有相同的尺寸和分辨率。

➤ **【图层】选项**：该下拉列表指定用源文件中的哪一个图层来进行运算。如果没有图层，只能选择【背景】图层；如果源文件有多个图层，则下拉列表中除包含有源文件的各图层外，还有一个合并的选项，表示选择源文件的所有图层。

➤ **【通道】选项**：该下拉列表指定使用源文件中的哪个通道进行运算。选中【相反】复选框可以将源文件相反后再进行计算。

➤ **【反相】复选框**：选中该复选框，则将【通道】列表框中的蒙版内容进行反相。

> ➤ 【混合】选项：在该下拉列表中选择合成模式进行运算。该下拉列表中增加了【相加】和【减去】两种合成模式，其作用是增加和减少不同通道中像素的亮度值。当选择【相加】或【减去】合成模式时，在下方会出现【缩放】和【补偿值】两个参数，设置不同的数值可以改变像素的亮度值。

> ➤ 【不透明度】选项：可以设置运算结果对源文件的影响程度。与【图层】面板中的不透明度作用相同。

> ➤ 【保留透明区域】复选框：该选项用于保护透明区域。选中该复选框，表示只对非透明区域进行合并。若在当前活动图像中选择了【背景】图层，则该选项处于不可用状态。

【例 11-6】使用【应用图像】命令拼合图像效果。

(1) 在 Photoshop 中，打开尺寸和分辨率相同的两幅图像文件，如图 11-34 所示。

图 11-34　打开两幅图像文件

　　(2) 选择【图像】|【应用图像】命令，打开【应用图像】对话框。在该对话框中的【源】下拉列表中选择【1.jpg】，【通道】下拉列表中选择【红】选项，将【混合】选项设置为【正片叠底】，设置【不透明度】为 65%。设置完成后，单击【确定】按钮，即可得到如图 11-35 所示的通道合成效果。

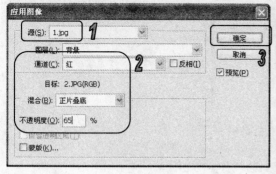

图 11-35　应用图像

11.10　【计算】命令

　　【计算】命令的工作原理与【应用图像】命令相同，它可以用来混合两个来自一个或多个源图像的单个通道。执行该命令可以创建新的通道和选区，也可以生成新的黑白图像。选择【图像】

|【计算】命令，打开【计算】对话框，如图 11-36 所示。该对话框中各选项功能介绍如下。

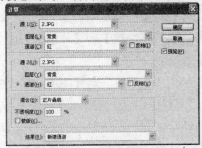

提示

【计算】命令对话框中的【图层】、【通道】、【混合】、【不透明度】和【蒙版】等选项与【应用图像】命令对话框中相应选项的作用相同。

图 11-36 【计算】对话框

> 【源 1】和【源 2】选项：选择当前打开的源文件的名称。
> 【图层】选项：可以在该下拉列表中选择相应的图层。在合成图像时，源 1 和源 2 的顺序安排会对最终合成的图像效果产生影响。
> 【结果】选项：可以在该下拉列表中指定一种混合结果。用户可以确定合成的结果是保存在灰度的新文档中，还是保存在当前活动图像的新通道中，或者将合成的效果直接转换成选取范围。

【例 11-7】使用【计算】命令拼合图像效果。

(1) 选择打开一幅图像文件。如图 11-37 所示。

(2) 选择【图像】|【计算】命令，打开【计算】对话框。在该对话框的【源 1】选项区中，设置【通道】选项为【绿】。在【源 2】选项区中，设置【通道】选项为【绿】。在【混合】选项中设置颜色混合模式为【点光】，然后单击【确定】按钮，如图 11-38 所示。

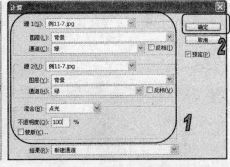

图 11-37 打开图像文件   图 11-38 设置【计算】对话框

(3) 在【通道】面板中，单击 RGB 通道前的可视图标，显示通道，如图 11-39 所示。

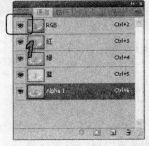

图 11-39 计算图像

11.11　上机实战

本章的上机实战主要练习制作图像效果，从而巩固通道创建、编辑操作和蒙版应用的操作方法和技巧。

(1) 在 Photoshop CS5 应用程序中，选择【文件】|【打开】命令，打开两幅不同的图像文件，如图 11-40 所示。

图 11-40　打开图像

(2) 选中边框图像文件，按 Ctrl+A 组合键将图像文件全选，并按 Ctrl+C 组合键进行复制。

(3) 选中风景图像文件，在【通道】面板中单击【创建新通道】按钮，创建通道 Alpha1，并按 Ctrl+V 组合键，粘贴纹理图像文件内容，如图 11-41 所示。

图 11-41　创建通道

(4) 按 Ctrl+T 组合键，应用【自由变换】命令，调整图像使其充满图像，并按 Enter 键应用调整，如图 11-42 所示。

(5) 选择【图像】|【调整】|【色阶】命令，在打开的【色阶】对话框中，设置【输入色阶】为 62、1.00、255，然后单击【确定】按钮，应用通道中图像的调整效果，如图 11-43 所示。

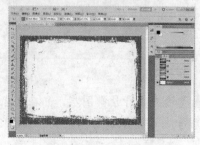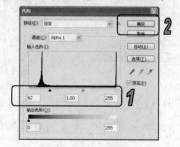

图 11-42　自由变换　　　　　图 11-43　色阶

新世纪高职高专规划教材

(6) 在【通道】面板中，按住 Ctrl 键，单击 Alpha1 通道载入选区，如图 11-44 所示。然后单击 RGB 通道显示图像。

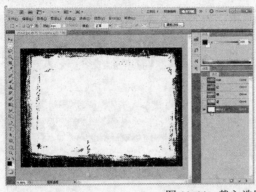
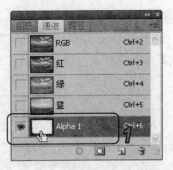

图 11-44　载入选区

(7) 在【图层】面板中单击【创建新图层】按钮，新建【图层 1】。按 Ctrl+Backspace 组合键使用背景色填充选区，如图 11-45 所示。

图 11-45　填充选区

(8) 将【背景】图层拖动至【创建新图层】按钮上释放，创建【背景副本】图层，并将该图层置于【图层】面板的最上层，如图 11-46 所示。

图 11-46　调整图层

(9) 按 Ctrl+D 组合键取消选区，使用背景色填充【背景】图层。并在【背景副本】图层上右击，在弹出的菜单中选择【创建剪贴蒙版】命令，创建剪贴蒙版，如图 11-47 所示。

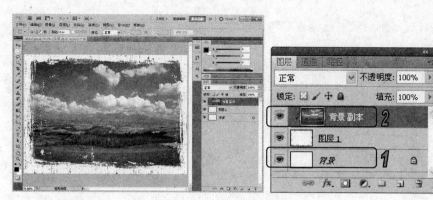

图 11-47 创建剪贴蒙版

11.12 习题

1. 打开任一图像文件，使用选区工具，再将选区转换为通道。
2. 打开任一图像文件，使用形状工具创建形状图层，再依据形状图层创建剪贴蒙版。

第12章

应 用 滤 镜

主要内容　通过 Photoshop 中的各种功能滤镜可以对当前的图层或选区内图像进行各种特殊效果的处理。本章主要介绍滤镜基础知识以及各个主要滤镜组的使用方法。

本章重点
> 滤镜库
> 智能滤镜
> 画笔描边滤镜组

> 艺术效果滤镜组
> 【镜头校正】滤镜
> 【消失点】滤镜

12.1　什么是滤镜

　　Photoshop 中的滤镜是一种插件模块，使用滤镜可以改变图像像素的位置或颜色，从而产生各种特殊的图像效果。Photoshop 提供了上百种滤镜，这些滤镜经过分组归类后存放于【滤镜】菜单中。同时，Photoshop 还支持由第三方开发商提供的增效工具。在安装后，这些增效工具滤镜出现在【滤镜】菜单的底部，与内置滤镜一样使用。

12.2　滤镜库

　　滤镜库是一个集合了多种滤镜效果的对话框，它可以将多个滤镜同时应用于同一图像，或者对同一图像多次应用同一滤镜，还可以使用对话框中的其他滤镜替换原有的滤镜。

§ 12.2.1　滤镜库概览

　　要使用【滤镜库】对话框，可以选择【滤镜】|【滤镜库】命令，打开【滤镜库】对话框，如图 12-1 所示。【滤镜库】对话框提供了【风格化】、【画笔描边】、【扭曲】、【素描】、【纹理】和【艺术效果】等 6 组滤镜。

所选滤镜缩览图

效果预览

滤镜下拉列表

所选滤镜的选项

所应用滤镜效果

图 12-1　滤镜库

§ 12.2.2　使用滤镜库

用户可以通过【滤镜库】对话框的预览区域更加方便地设置滤镜效果的参数选项。单击预览区域下方的⊟按钮和⊞按钮，可以调整图像预览显示的大小。单击预览区域下方的【缩放比例】按钮，可以在打开的【缩放比例】列表中选择 Photoshop 预设的缩放比例，如图 12-2所示。

【滤镜库】对话框中间显示的是滤镜命令选择区域，只需单击该区域中显示的滤镜命令效果缩略图，即可选择该命令。要隐藏滤镜命令选择区域，只需单击对话框中的【显示/隐藏滤镜命令选择区域】按钮 ，即可使用更多空间显示预览区域，如图 12-3 所示。

图 12-2　缩放比例

图 12-3　隐藏滤镜命令选择区域

在【滤镜库】对话框中，用户可以使用滤镜叠加功能，即在同一个图像上同时应用多个滤镜效果。对图像应用一个滤镜效果后，只需单击滤镜效果列表区域下方的【新建效果图层】按钮 ，即可在滤镜效果列表中添加一个滤镜效果图层。选择所需增加的滤镜命令并设置其参数选项，就可以对图像增加使用一个滤镜效果。

【例 12-1】使用【滤镜库】命令调整图像文件。

(1) 选择【文件】|【打开】命令，选择打开一幅图像文件。选择【滤镜】|【滤镜库】命令，打开【滤镜库】对话框。选择【画笔描边】|【成角的线条】滤镜，并设置参数，如图 12-4 所示。

(2) 单击【新建效果图层】按钮，新建一个滤镜效果图层，选择【纹理】|【纹理化】滤镜并设置参数，如图 12-5 所示。

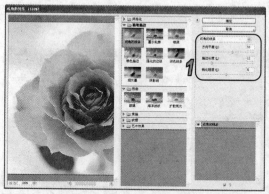

图 12-4 【成角的线条】滤镜

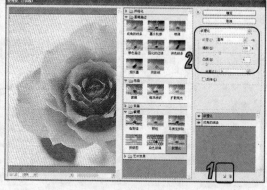

图 12-5 纹理化

(3) 在对话框中，选中【纹理化】滤镜，按住鼠标将其拖动到【成角的线条】滤镜下方并释放，调整滤镜顺序，单击【确定】按钮，关闭对话框，如图 12-6 所示。

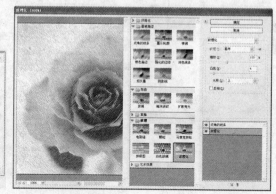

图 12-6 调整顺序

12.3 智能滤镜

应用于智能对象的任何滤镜都是智能滤镜。智能滤镜将出现在【图层】面板中应用智能滤镜的智能对象图层的下方。由于可以调整、移去或隐藏智能滤镜，因此这些滤镜是非破坏性的。

而智能对象是一个嵌入在当前文档中的文件，它可以是光栅图像，也可以是矢量对象。在 Photoshop 中处理智能对象时，不会直接应用到对象的原始数据上，因此不会对原始数据造成实质性的更改。

新世纪高职高专规划教材

§ 12.3.1 应用智能滤镜

要使用智能滤镜，首先选择智能对象图层，选择一个滤镜，然后设置滤镜选项。应用智能滤镜之后，可以对其进行调整、重新排序或删除。

【例 12-2】为图像文件应用智能滤镜。

(1) 选择【文件】|【打开】命令，选择打开一幅图像文件。选择【滤镜】|【转换为智能滤镜】命令，打开对话框，单击【确定】按钮，将【背景】图层转换为智能对象，如图 12-7 所示。

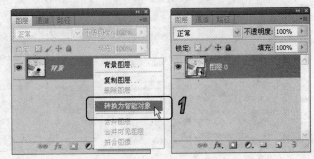

图 12-7 转换为智能对象

(2) 选择【滤镜】|【素描】|【绘图笔】命令，设置参数，单击【确定】按钮，即可添加智能滤镜，如图 12-8 所示。

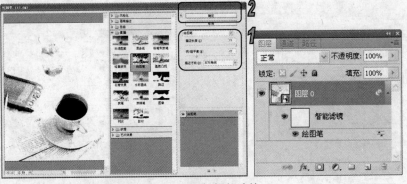

图 12-8 添加智能滤镜

§ 12.3.2 修改智能滤镜

如果智能滤镜包含可编辑设置，则可以随时对其进行编辑；也可以编辑智能滤镜的混合选项。

在【图层】面板中双击相应的智能滤镜名称，可以重新打开该滤镜的设置对话框，修改设置滤镜选项，然后单击【确定】按钮。

编辑智能滤镜混合选项类似于在对普通图层应用滤镜时使用【渐隐】命令。在【图层】面板中双击该滤镜旁边的【编辑混合选项】图标 。在打开的【混合选项】对话框中进行设置，然后单击【确定】按钮。

新世纪高职高专规划教材

【例12-3】修改图像文件中智能滤镜效果。

(1) 选择【文件】|【打开】命令，选择打开一幅图像文件。

(2) 在【图层】面板中双击智能滤镜，可以重新打开该滤镜的设置对话框，此时可修改滤镜参数。单击【确定】按钮，关闭对话框，即可更新滤镜效果，如图12-9所示。

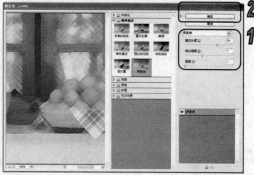

图 12-9　修改滤镜

(3) 双击智能滤镜旁的编辑混合选项图标，可以打开【混合选项】对话框，设置滤镜的不透明度和混合模式，然后单击【确定】按钮，应用设置，如图12-10所示。

图 12-10　设置混和选项

§12.3.3　遮盖智能滤镜

当将智能滤镜应用于某个智能对象时，Photoshop 会在【图层】面板中该智能对象下方的智能滤镜行上显示一个空白(白色)蒙版缩览图。默认情况下，此蒙版显示完整的滤镜效果。如果应用智能滤镜前已建立选区，则 Photoshop 会在【图层】面板中的智能滤镜行上显示适当的蒙版而非一个空白蒙版。

使用滤镜蒙版可以有选择地遮盖智能滤镜。当遮盖智能滤镜时，蒙版将应用于所有智能滤镜，无法遮盖单个智能滤镜。滤镜蒙版的工作方式与图层蒙版非常类似，与图层蒙版一样，滤镜蒙版将作为 Alpha 通道存储在【通道】面板中，可以将其边界作为选区载入；可以在滤镜蒙版上进行绘画。用黑色绘制的滤镜区域将隐藏；用白色绘制的区域将可见；用灰度绘制的区域将以不同级别的透明度出现。如图12-11所示。使用【蒙版】面板中的控件同样可以更改滤镜蒙版浓度，为蒙版边缘添加羽化效果或反相蒙版。

图 12-11　遮盖智能滤镜

技巧

选择【图层】|【智能滤镜】|【停用滤镜蒙版】命令，可以暂时停用智能滤镜的蒙版，蒙版上会出现一个红色的×；选择【图层】|【智能滤镜】|【删除滤镜蒙版】命令，可以删除蒙版。

12.4　风格化滤镜组

风格化滤镜组主要是通过移动和置换图像像素并提高图像像素对比度，产生特殊风格化效果。该滤镜组中包括【凸出】、【扩散】、【拼贴】、【照亮边缘】和【查找边缘】等滤镜效果。

> 【查找边缘】滤镜用于标识图像中有明显过渡的区域并强调边缘。在白色背景上用深色线条绘制图像的边缘，对于在图像周围创建边框非常有用。
> 【等高线】滤镜用于查找主要亮度区域的过渡，并用细线勾画每个颜色通道，得到与等高线图中的线相似的结果。
> 【风】滤镜在图像中创建细小的水平线以模拟风的动感效果，如图 12-12 所示。
> 【浮雕效果】滤镜通过将选区内或整个图层的填充颜色转换为灰色，并用原填充色勾画边缘，使选区呈现凸出或下陷效果。

 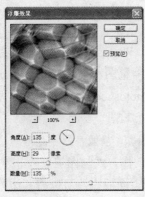

技巧

【角度】文本框：用于设置浮雕效果光源的方向。【高度】文本框：用于设置图像凸起的高度。【数量】文本框：用于设置源图像细节和颜色的保留范围。

图 12-12　浮雕效果

> 【扩散】滤镜根据所选择的选项使选区内的像素发生变化，使图像看起来有聚焦的效果。

> 【拼贴】滤镜可从选区的原位置开始将图像拆散为一系列的拼贴图像。当把【最大位移】参数设置较小时，可得到网格效果。
> 【曝光过度】滤镜混合正片和负片图像，与冲洗照片过程中加强曝光的效果相似。
> 【凸出】滤镜可使选择区域或图层产生一系列块状或金字塔状的三维纹理。
> 【照亮边缘】滤镜通过查找并标识颜色的边缘，为其增加类似霓虹灯的亮光效果。

【例 12-4】在图像文件中，应用风格化滤镜。

(1) 选择【文件】|【打开】命令，选择打开一幅图像文件。

(2) 选择【滤镜】|【风格化】|【凸出】命令，设置【大小】为 90 像素，【深度】为 20，选中【基于色阶】单选按钮，然后单击【确定】按钮，应用设置，如图 12-13 所示。

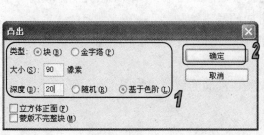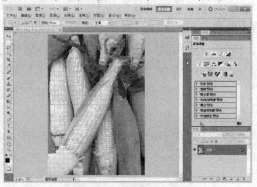

图 12-13　凸出

提示

　　【类型】选项栏：用于设置三维块的形状，包括【块】和【金字塔】两个单选按钮。【大小】文本框：用于设置三维块的大小。该数值越大，三维块越大。【深度】文本框：用于设置凸出深度。【随机】单选按钮和【基于色阶】单选按钮：用于表示三维的排列方式。【立方体正面】复选框：选中该复选框，只对立方体的表面填充物体的平均色，而不是对整个图案。【蒙版不完整块】复选框：选中该复选框，将使所有的图像中都包括在凸出范围之内。

(3) 选择【滤镜】|【风格化】|【拼贴】命令，打开【拼贴】对话框，设置【拼贴数】为 10，【最大位移】为 10%，然后单击【确定】按钮，如图 12-14 所示。

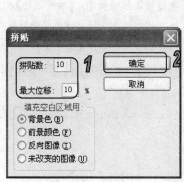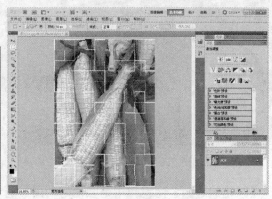

图 12-14　拼贴

提示

【拼贴数】文本框：用于设置在图像每行和每列中要显示的块数。 【最大位移】文本框：用于设置允许拼贴块偏移原位置的最大距离。【填充空白区域用】栏：用于设置拼贴块间空白区域的填充方式，有【背景色】、【反向图像】、【前景颜色】和【未改变的图像】4个单选按钮。

12.5 画笔描边滤镜组

画笔描边滤镜组模拟用不同的画笔和油墨描边，绘制出绘画效果的外观。该滤镜组中包括【成角的线条】、【墨水轮廓】、【喷溅】以及【喷色描边】等滤镜，各滤镜作用如下。

➢ 【成角的线条】滤镜使用两种角度的线条来修饰图像。图像中较亮的区域用一个方向的线条绘制，较暗的区域用相反方向的线条绘制。

➢ 【墨水轮廓】滤镜在原来的细节上使用精细的线条重新绘制图像，形成钢笔油墨的风格，如图 12-15 所示。

➢ 【喷溅】滤镜能产生用水在画面上喷溅、浸润的效果，如图 12-16 所示。

图 12-15 墨水轮廓

图 12-16 喷溅

➢ 【喷色描边】滤镜使用带有角度的喷色线条的主色重绘图像，如图 12-17 所示。【喷色描边】滤镜和【喷溅】滤镜效果相似。

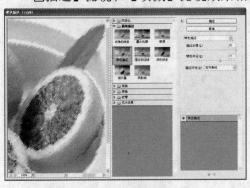

图 12-17 喷色描边

技巧

【描边长度】文本框：用于设置喷色描边笔触的长度。【喷色半径】文本框：用于设置图像飞溅的半径。【描边方向】下拉列表：用于设置喷色方向，包括【左对角线】、【水平】、【右对角线】和【垂直】4个选项。

➢ 【强化的边缘】滤镜作用是强化勾勒图像的边缘，如图 12-18 所示。

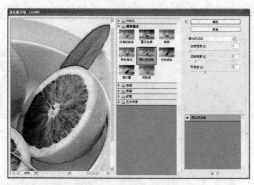

图 12-18　强化的边缘

➤ 【深色线条】滤镜使用短的、紧凑的线条绘制图像中接近黑色的较暗区域, 用长的白色线条绘制图像中接近白色的较亮区域, 如图 12-19 所示。

图 12-19　深色线条

➤ 【烟灰墨】滤镜用于绘制非常黑的柔化模糊的边缘效果, 产生用沾满黑色油墨的湿画笔在宣纸上绘画的效果, 如图 12-20 所示。

➤ 【阴影线】滤镜模拟使用铅笔勾画阴影线、添加纹理和粗糙化图像的效果, 并且可以在勾画彩色区域边缘时保留原图的细节特征, 如图 12-21 所示。

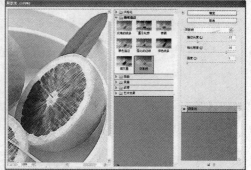

图 12-20　烟灰墨　　　　　　　　图 12-21　阴影线

【例 12-5】在图像文件中, 应用画笔描边滤镜。

(1) 选择【文件】|【打开】命令, 选择打开一幅图像文件, 如图 12-22 所示。

(2) 选择【滤镜】|【画笔描边】|【成角的线条】命令, 打开【滤镜库】对话框, 设置【方

向平衡】为 87，【描边长度】为 14，【锐化程度】为 8，然后单击【确定】按钮，如图 12-23 所示。

图 12-22　打开图像

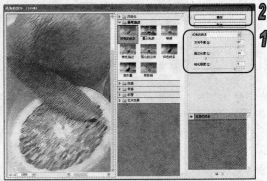

图 12-23　成角的线条

12.6　模糊滤镜组

对选择区域或图层的图像使用模糊滤镜组中的滤镜，将通过对图像中线条和阴影区域与边相邻的像素进行平均化，而产生平滑过渡的效果。该滤镜组中包括【动感模糊】、【高斯模糊】和【径向模糊】等滤镜。

➢ 【动感模糊】滤镜是以某种方向和强度来模糊图像，使被模糊的部分产生高速运动的效果，如图 12-24 所示。

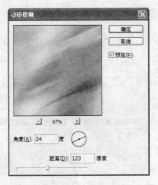

图 12-24　动感模糊

➢ 【高斯模糊】滤镜可以模糊图像中的画面，使画面的过渡变得不明显，是简单消除图像的相片颗粒和杂色的常用工具。

➢ 【进一步模糊】滤镜产生的效果比【模糊】滤镜更强烈。

➢ 【镜头模糊】滤镜为图像添加一种带有较窄景深的模糊效果，即图像某些区域模糊，其他区域仍然清晰。

➢ 【径向模糊】滤镜用于模拟前后移动相机或旋转相机产生的柔和模糊效果，如图 12-25 所示。

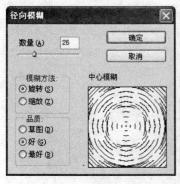 

图 12-25　径向模糊

新世纪高职高专规划教材

技巧

【中心模糊】预览框：用于设置模糊从哪一点开始向外扩散，在预览框中单击一点即可从该点开始向外扩散。【模糊方法】选项栏：选中【旋转】单选按钮时，产生旋转模糊效果；选中【缩放】单选按钮时，产生放射模糊效果，该图像从模糊中心处开始放大。

➤ 【模糊】滤镜用于效果图像中颜色明显变化处的杂色，使图像更加柔和，并隐藏图像画面中的一些缺陷。

12.7　扭曲滤镜组

　　扭曲滤镜组织主要用于对图像进行几何变形、创建三维或其他变形效果。该滤镜组中包括【波浪】、【挤压】以及【扩散亮光】等滤镜。

➤ 【波浪】滤镜可按指定波长、波幅以及类型来扭曲图像，如图 12-26 所示。

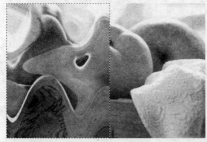 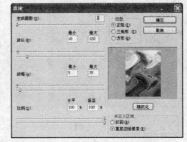

图 12-26　波浪

技巧

【生成器数】文本框：用于设置产生波浪的波源数目。【波长】文本框：用于控制波峰间距。有【最小】和【最大】两个参数，分别表示最短波长和最长波长，最短波长值不能超过最长波长值。【波幅】文本框：用于设置波动幅度。【比例】文本框：用于调整水平和垂直方向的波动幅度。【类型】选项栏：用于设置波动类型。【随机化】按钮：单击该按钮，可以随机改变图像的波动效果。

➤ 【波纹】滤镜可以产生水波荡漾的涟漪效果。【数量】文本框用于设置波纹的数量，该值越大，所产生的涟漪效果越强烈。在【大小】下拉列表框中可以选择一种波纹的大小，有【小】、【中】和【大】3 个选项，如图 12-27 所示。

➤ 【玻璃】滤镜可以产生一种透过玻璃观察图片的效果。选择【滤镜】|【扭曲】|【玻璃】命令，打开【玻璃】对话框。其中，【扭曲度】文本框用于调节图像扭曲变形的程度；【平滑度】文本框用于调整玻璃的平滑程度；【纹理】下拉列表用于设置纹理类型，包括【块状】、【画布】、【磨砂】和【小镜头】4 种类型，如图 12-28 所示。

图 12-27　波纹

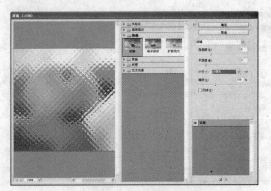

图 12-28　玻璃

> ➢ 【海洋波纹】滤镜模拟随机的水波效果，使图像产生位于水下的效果。其对话框中有【波纹大小】和【波纹幅度】文本框两个参数值，当【波纹幅度】文本框的值为0时，无论波纹大小值为多少，图像都无变化，如图 12-29 所示。

> ➢ 【极坐标】滤镜沿图像坐标轴进行扭曲变形。它有两种设置，一种是将图像从平面坐标系统转换为极坐标系统；另一种是将图像从极坐标转换为平面坐标，如图 12-30 所示。

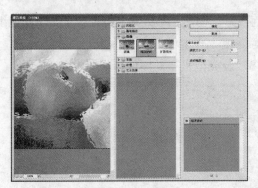

图 12-29　海洋波纹

图 12-30　极坐标

> ➢ 【挤压】滤镜是选择区域或整个图像产生向内或向外挤压变形的效果，其取值范围在-100%~100%之间。取正值时图像向内收缩，取负值时图像向外膨胀。

> ➢ 【扩散亮光】滤镜以【工具】调板中的背景色为基色对图像进行渲染，产生透过柔和的漫射滤镜产生的效果，亮光从图像的中心位置逐渐隐没，如图 12-31 所示。

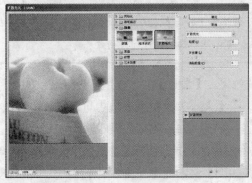

图 12-31　扩散亮光

技巧

【粒度】文本框：用于控制辉光中的颗粒度，该值越小，颗粒越少。【发光量】文本框：用于调整辉光的强度，该值不宜过大。【清除数量】文本框：用于控制图像受滤镜影响的区域范围，该值越大，受影响的区域越少。

> 【球面化】滤镜可使图像沿球形、圆管的表面凸起或凹下，形成三维效果，如图 12-32 所示。

> 【旋转扭曲】滤镜使图像产生一种中心位置比边缘位置扭曲更强烈的效果。当设置 【角度】为正值是，图像以顺时针旋转；当设置【角度】为负值时，图像沿逆时针 旋转，如图 12-33 所示。

> 【置换】滤镜的使用方法比较特殊，使用该滤镜后，图像的像素可以向不同的方向 位移，其效果依赖于对话框的设置和置换图。

图 12-32　球面化

图 12-33　旋转扭曲

【例 12-5】在图像文件中，应用扭曲滤镜。

(1) 选择【文件】|【打开】命令，选择打开一幅图像文件，如图 12-34 所示。

(2) 选择【滤镜】|【扭曲】|【置换】命令，打开【置换】对话框，设置【水平比例】和 【垂直比例】均为 20，然后单击【确定】按钮，如图 12-35 所示。

提示

　　【水平比例】文本框：用于设定像素在水平方向的移动距离。数值越大，图像在水平方向上的移动越大。【垂直比例】文本框：用于设定像素在垂直方向的移动距离。【置换图】选项：用于设置置换图像的属性。选中【伸展以适合】单选按钮时，置换图像会覆盖原图并放大(置换图像小于原图时)，以适合原图大小；选中【拼贴】单选按钮时，置换图像会直接叠放在原图上，不作任何大小调整。【未定义区域】栏：用于设置未定义区域的处理方法。

图 12-34　打开图像

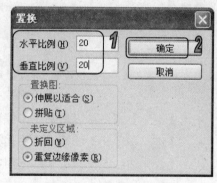

图 12-35　【置换】对话框

新世纪高职高专规划教材

(3) 在打开的【选取一个置换图】对话框中选择【图案.psd】图像文件，单击【打开】按钮，如图 12-36 所示。

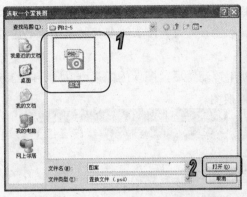

图 12-36　选择图像

12.8　锐化滤镜组

锐化滤镜组主要通过增强图像中相邻像素之间的对比度来使图像轮廓分明，减弱图像的模糊程度。选择【滤镜】|【锐化】命令，打开其子菜单，其中提供了 5 个锐化命令。

➢ 　【USM 锐化】滤镜可以在图像边缘的两侧分别制作一条明线或暗线来调整边缘细节的对比度，使图像边缘轮廓化，如图 12-37 所示。

图 12-37　USM 锐化

 提示

　　【数量】文本框：用于调节图像锐化的程度。该值越大，锐化效果越明显。【半径】文本框：用于设置图像轮廓周围锐化范围。该值越大，锐化的范围越广。【阈值】文本框：用于设置锐化的相邻像素的差值。只有对比度差值高于此值的像素才会得到锐化处理。

➢ 　【锐化】滤镜可以增加图像像素之间的对比度，使图像清晰化。

➢ 　【进一步锐化】滤镜和【锐化】滤镜作用相似，只是使锐化效果更加强烈。

➢ 　【锐化边缘】滤镜用于锐化图像的边缘，使不同颜色之间的分界更加明显。

> 【智能锐化】滤镜具有【USM 锐化】滤镜所没有的锐化控制功能。该滤镜可以设置锐化算法，或控制在阴影和高光区域中进行的锐化量。在进行操作时，可将文档窗口缩放到 100%，以便精确查看锐化效果。

12.9 素描滤镜组

使用素描滤镜组可以制作多种艺术绘画效果。使用该滤镜组时应注意，许多滤镜在重绘图像时会用前景色和背景色来修饰图像。该滤镜组中包括【半调图案】、【便条纸】以及【粉笔和炭笔】等滤镜。

> 【半调图案】滤镜用于模拟半调网屏的效果，并保持色调的连续范围。在【半调图案】对话框的【图案类型】下拉列表中选择【直线】选项，可以制作电视扫描线效果，如图 12-38 所示。

> 【便条纸】滤镜使用前景色和背景色在图像中产生一种颗粒状的浮雕效果，可用来制作黑白插图或背景图案等，如图 12-39 所示。

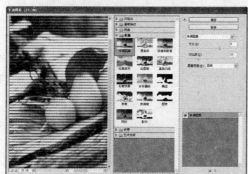
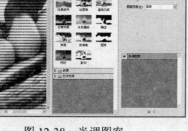

图 12-38 半调图案　　　　　　　　　　图 12-39 便条纸

> 【粉笔和炭笔】滤镜可以将粉笔效果用背景色代替原图像中的高光区和中间色部分，将炭笔效果用前景色代替原图像中的阴暗部分，从而产生粉笔和炭笔涂抹的草图效果，如图 12-40 所示。

图 12-40 粉笔和炭笔

 提示

【炭笔区】文本框：用于设置炭笔涂抹区域的大小。【粉笔区】文本框：用于设置粉笔涂抹区域的大小。该值越大，产生的粉笔区范围越广。【描边压力】文本框：用于设置粉笔和炭笔涂抹的压力强度。

新世纪高职高专规划教材

➢ 【基底凸现】滤镜可以变换图像，使之呈现浮雕的雕刻状，突出光照下的变化效果。图像的暗区将呈现前景色，而浅色使用背景色，如图 12-41 所示。

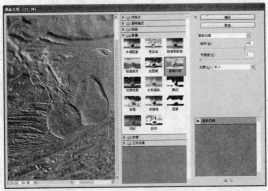

提示

【细节】文本框：设置基底凸现效果细节部分。该值越大，图像凸现部分刻画越细腻。【平滑度】文本框：设置基底凸现效果的光洁度。该值越大，凸现部分越平滑。【光照】下拉列表：可以选择基底凸现效果的光照方向。

图 12-41　基底凸现

➢ 【水彩画纸】滤镜可以模拟在潮湿的纤维纸上涂抹，并产生流动混合颜色的效果。

➢ 【撕边】滤镜可以模拟用粗糙撕碎纸片重新拼贴图像的效果，适用于高对比度的图像，如图 12-42 所示。

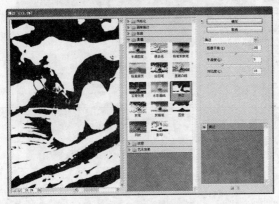

提示

【图像平衡】文本框：用于调整所用前景色和背景色的比值。该值越大，前景色所占比例越大。【平滑度】文本框：用于设置图像边缘的平滑度。【对比度】文本框：用于设置前景色和背景色两种颜色边界的混合程度。

图 12-42　撕边

➢ 【炭笔】滤镜可以模拟炭笔绘制，并产生色调分离的效果，如图 12-43 所示。

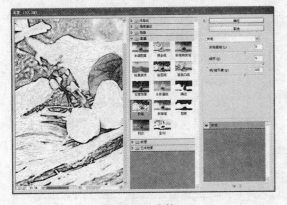

提示

【炭笔粗细】文本框：用于设置笔触的粗细。该值越大，笔触越粗。【细节】文本框：用于设置图像细节的保留程度。该值越大，炭笔刻画越细腻。【明/暗平衡】文本框：用于控制前景色和背景色的混合比例。

图 12-43　炭笔

➢ 【炭精笔】滤镜模拟使用炭精笔绘制图像的效果，在暗区使用前景色绘制，在亮区使用背景色绘制。

➢ 【图章】滤镜使图像简化、突出主题，产生制作橡皮或木制图章的效果，用于黑白图像时效果最佳，如图 12-44 所示。

➢ 【网状】滤镜可以模拟胶片乳胶的可控收缩和扭曲来创建图像，使图像在暗调区域呈结块状，在高光区呈轻微颗粒化，如图 12-45 所示。

➢ 【影印】滤镜可以只突出图像边界明显的轮廓，并用前景色绘制轮廓，用背景色绘制其他部分，从而模拟影印图像的效果。

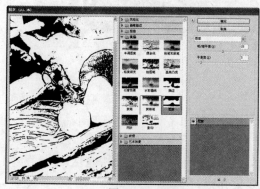
图 12-44 图章

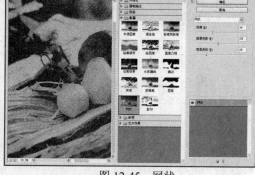
图 12-45 网状

【例 12-6】在图像文件中，应用素描滤镜。

(1) 选择打开一幅图像文件，并按 Ctrl+J 快捷键复制【背景】图层，如图 12-46 所示。

(2) 选择【滤镜】|【素描】|【绘图笔】命令，打开【绘图笔】对话框，设置【描边长度】为 15，【明/暗平衡】为 50，然后单击【确定】按钮，如图 12-47 所示。

技巧

　　【描边长度】文本框：用于调节笔触在图像中的长短。【明/暗平衡】文本框：用于调整图像前景色和背景色的比例。当该值为 0 时，图像被背景色填充；当该值为 100 时，图像被前景色填充。【描边方向】下拉列表：用于选择笔触的方向。

图 12-46 打开图像

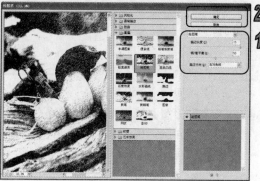
图 12-47 绘图笔

新世纪高职高专规划教材

(3) 在【图层】面板中，设置【图层 1】图层的混合模式为【柔光】，然后在【调整】面板中单击【色相/饱和度】命令图标，设置【饱和度】为-50，如图 12-48 所示。

图 12-48　设置图层

12.10　纹理滤镜组

纹理滤镜组为图像添加各种纹理，增加深度感和材质感。该滤镜组中包括【龟裂缝】、【颗粒】和【马赛克拼贴】等滤镜，各滤镜的效果介绍如下。

➢ 【龟裂缝】滤镜可以模拟在高凸浮雕的石膏表面绘制图像的效果，并按照图像的轮廓产生精细的裂纹网。此滤镜可以在包含多种颜色值或灰度值的图像中创建浮雕效果。

➢ 【颗粒】滤镜可以在图像中随机加入不规则的颗粒以产生颗粒纹理效果，如图 12-49 所示。

图 12-49　颗粒

提示

　　【强度】文本框：用于设置颗粒密度。该值越大，图像中的颗粒越多。【对比度】文本框：用于调整颗粒的明暗对比度。【颗粒类型】下拉列表框：用于设置颗粒的类型，包括【常规】、【柔和】和【喷洒】等 10 种类型。

➢ 【马赛克拼贴】滤镜可以使图像产生由小碎块组成的效果，并在块与块之间添加缝隙，如图 12-50 所示。

➢ 【拼缀图】滤镜可以将图像分为许多小方块，用该区最亮的颜色填充小块，并在方块之间添加缝隙。

➢ 【染色玻璃】滤镜可以把图像分割为许多不规则的多边形色块，产生染色玻璃效果，如图 12-51 所示。

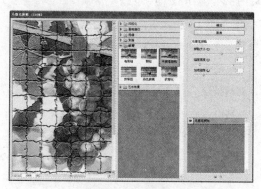

图 12-50 马赛克拼贴

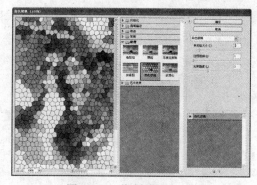

图 12-51 染色玻璃

➢ 【纹理化】滤镜可以为图像添加预设的纹理效果，或用户自己创建的纹理效果，如图 12-52 所示。

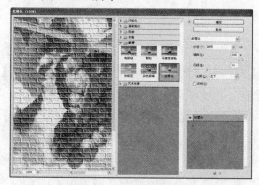

图 12-52 纹理化

提示

【纹理】下拉列表：提供了【砖形】、【粗麻布】、【画布】和【砂岩】4 种纹理类型。另外，用户还可以选择【载入纹理】选项来装载自定义的、以 PSD 文件格式存放的纹理模板。

【例 12-7】在图像文件中，应用纹理滤镜。

(1) 选择打开一幅图像文件，并按 Ctrl+J 组合键复制【背景】图层，如图 12-53 所示。

(2) 选择【滤镜】|【纹理】|【拼缀图】命令，打开【拼缀图】对话框，设置【方形大小】为 10，【凸现】为 16，然后单击【确定】按钮，如图 12-54 所示。

图 12-53 打开图像

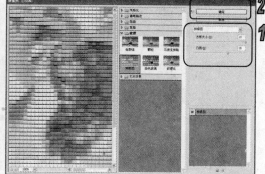

图 12-54 拼缀图

(3) 在【图层】面板中，设置【图层 1】图层混合模式为【变亮】，如图 12-55 所示。

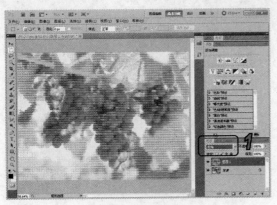

图 12-55 设置图层

12.11 像素化滤镜组

像素化滤镜组中的滤镜会将图像转换成平面色块组成的图案, 并通过不同的设置达到截然不同的效果。该滤镜组中包括【彩块化】、【彩色半调】、【点状化】、【晶格化】、【马赛克】、【碎片】以及【铜版雕刻】等 7 个滤镜, 各滤镜产生的效果介绍如下。

➤ 【彩块化】滤镜将纯色或相似颜色的像素结块为彩色像素块, 使图像产生近似于手绘的效果。

➤ 【彩色半调】滤镜模拟在图像的每个通道上使用扩大的半调网屏效果, 用小矩形将图像分割, 用圆形图像替换矩形图像, 圆形的大小与矩形的亮度成正比, 如图 12-56 所示。其中,【最大半径】文本框用于设置栅格的大小, 取值范围为 4~127 像素;【网角(度)】选项栏用于设置屏蔽度数, 共有 4 个通道, 分别代表填入颜色之间的角度。

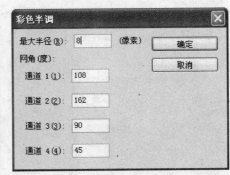

图 12-56 彩色半调

➤ 【点状化】滤镜将图像中的颜色分散为随机分布的网点, 类似点彩派的绘画风格, 如图 12-57 所示。

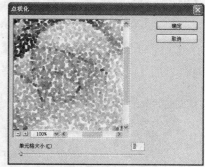

图 12-57 点状化

➢ 【晶格化】滤镜将图像中的像素结块为纯色的多边形，如图 12-58 所示。选择【滤镜】|【像素化】|【晶格化】命令，打开【晶格化】对话框，其中的【单元格大小】文本框用于控制色块的大小。

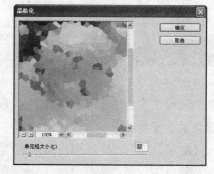

图 12-58 晶格化

➢ 【马赛克】滤镜模拟使用马赛克拼图的效果，如图 12-59 所示。选择【滤镜】|【像素化】|【马赛克】命令，将打开【马赛克】对话框。对话框中的【单元格大小】文本框用于设置相同像素方形块的大小。

➢ 【碎片】滤镜可将原图复制 4 份，然后使它们互相偏移，形成一种重影效果，如图 12-60 所示。

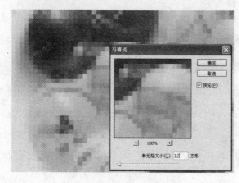

图 12-59 马赛克   图 12-60 碎片

新世纪高职高专规划教材

➢ 【铜版雕刻】滤镜将图像转换为黑白区域的随机图案，或彩色图像的全饱和颜色随机图案。即在图像中随机分布各种不规则线条和斑点，产生镂刻版画效果，如图 12-61 所示。选择【滤镜】|【像素化】|【铜版雕刻】命令，打开【铜版雕刻】对话框。在对话框的【类型】下拉列表中选择所需的雕刻类型。

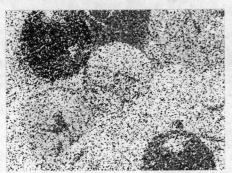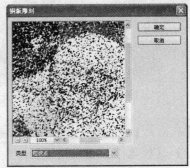

图 12-61　铜板雕刻

12.12　渲染滤镜组

渲染滤镜组用于在图像中创建云彩、折射和模拟光线等。该滤镜组中包括【分层云彩】、【光照效果】及【镜头光晕】等滤镜。

➢ 【分层云彩】滤镜使用前景色和背景色随机产生云彩图案。但生成的云彩图案不会替换原图，而是按差值模式与原图混合。

➢ 【光照效果】滤镜用于模拟灯光、日光照射效果，该滤镜多用来制作夜晚天空效果和浅浮雕效果。

➢ 【镜头光晕】滤镜模拟相机镜头产生的折射光效果。

➢ 【纤维】滤镜可制作纤维效果，颜色受前景色和背景色影响。

➢ 【云彩】滤镜使用前景色和背景色相融合，随机生成云彩状图案。

12.13　艺术效果滤镜组

艺术效果滤镜组用于产生各种绘画风格的图像。该滤镜组中包括【壁画】、【彩色铅笔】、【粗糙蜡笔】、【干画笔】、【海报边缘】以及【胶片颗粒】等滤镜。

➢ 【壁画】滤镜可以以一种粗糙的风格绘制图像，使图像产生古壁画的斑点效果，如图 12-62 所示。

➢ 【彩色铅笔】滤镜可以模拟使用彩色铅笔在纯色背景上手工绘制图像的效果，如图 12-63 所示。

➢ 【粗糙蜡笔】滤镜可以产生一种不平整、浮雕感的纹理，使图像呈现类似彩色画笔的绘画效果，如图 12-64 所示。

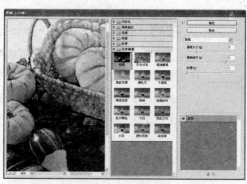

图 12-62　壁画

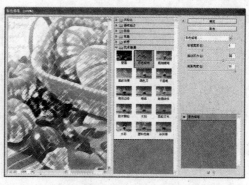

图 12-63　58 彩色铅笔

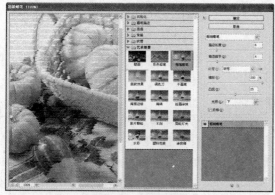

图 12-64　粗糙蜡笔

技巧

　　【画笔大小】文本框: 用于设置笔触的大小。【纹理覆盖】文本框: 用于设置笔触的细腻程度。该值越大, 图像越模糊。

　　【缩放】文本框: 用于设置覆盖纹理的缩放比例。该值越大, 底纹的效果越明显。

　　【凸现】文本框: 用于调整覆盖纹理的深度。该值越大, 纹理的深度越明显。

> 【底纹效果】滤镜模拟在带纹理的底图上的绘画效果。

> 【调色刀】滤镜可以减少图像中的细节, 显示下层纹理, 从而描绘出很淡的画布效果, 如图 12-65 所示。

> 【干画笔】滤镜可以模拟用介于油彩和水彩之间的画笔在图像上进行绘制的干画笔效果, 如图 12-66 所示。

图 12-65　调色刀

图 12-66　干画笔

> 【海报边缘】滤镜可以在图像中进行色调分离, 查找图像的边缘并在边缘上绘制黑色线条, 提高图像的对比度, 产生剪贴画的效果, 如图 12-67 所示。

新世纪高职高专规划教材

图 12-67　海报边缘

➢ 【海绵】滤镜用于创建带对比颜色的纹理，使图像产生用海绵蘸颜料涂抹在纸上的效果。

➢ 【绘画涂抹】滤镜可以把图像分为几个颜色区后锐化图像，产生一种涂抹过的图像效果，如图 12-68 所示。

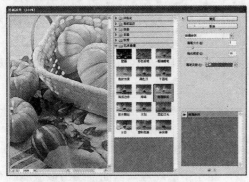

图 12-68　绘画涂抹

➢ 【胶片颗粒】滤镜可用平滑图案填充图像中阴影色调和中间色调，用更加平滑、饱和度更高的图像填充图像中的亮区，从而产生胶片颗粒的效果。

➢ 【木刻】滤镜可以将图像制作出类似木刻画的效果，如图 12-69 所示。

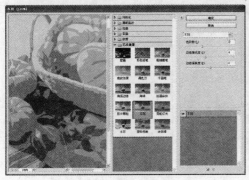 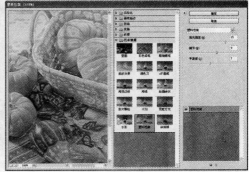

　　　图 12-69　木刻　　　　　　　　　　图 12-70　塑料包装

➢ 【水彩】滤镜可以简化图像细节，使图像类似用蘸了水和颜料的画笔进行绘制，从而产生水彩风格的图像效果。

> ➤ 【塑料包装】滤镜可以为图像上涂上一层光亮的塑料外罩，如图 12-70 所示。
> ➤ 【涂抹棒】滤镜可以使图像产生类似用粉笔或蜡笔在纸上涂抹的图像效果。

12.14 杂色滤镜组

使用杂色滤镜组中的滤镜可以随机分布像素，添加或减少杂色。该滤镜组包括【减少杂色】、蒙尘与划痕、去斑、添加杂色以及中间值等 5 个滤镜，各滤镜产生的效果如下。

> ➤ 【减少杂色】滤镜能够较为合理地消除图像的相片颗粒和杂色。
> ➤ 【蒙尘与划痕】滤镜通过不同像素来减少杂色。
> ➤ 【去斑】滤镜常用于消除图像中较为细小的杂点，使用它能够以微小模糊量平滑杂点混合至周围图像区域中，并同时可以保持图像中大部分细节不变。
> ➤ 【添加杂色】滤镜用于在图像上添加随机像素效果。
> ➤ 【中间值】滤镜通过混合选区中像素的亮度减少图像中的杂色。该滤镜对于消除或减少图像中的动感效果非常有用。

12.15 【镜头校正】滤镜

【镜头校正】滤镜用于修复常见的镜头缺陷，如桶形失真、枕形失真、色差以及晕影等，也可以用来旋转图像，或修复由于相机垂直或水平倾斜而导致的图像透视现象。在进行变换和变形操作时，该滤镜比【变换】命令更有用。同时，该滤镜提供的网格可以使调整更为轻松、精确。

选择【滤镜】|【镜头校正】命令，或按快捷键 Shift+Ctrl+R，可以打开【镜头校正】对话框，如图 12-71 所示。对话框左侧是该滤镜的使用工具，中间是预览和操作窗口，右侧是参数设置区。

图 12-71 【镜头校正】滤镜

> ➤ 【移去扭曲】工具 ：可以校正镜头桶形或枕形扭曲。选择该工具，将光标置于画面中，单击并向画面边缘拖动鼠标可以校正桶形失真；向画面的中心拖动鼠标可以校正枕形失真。

新世纪高职高专规划教材

> 【拉直】工具 🔺：可以校正倾斜的图像，或者对图像的角度进行调整。选择该工具，在图像中单击并拖拽一条直线，放开鼠标后，图像将以该直线为基准进行角度的校正。

> 【移动网格】工具 ✋：用来移动网格，以便使它与图像对齐。

> 【缩放】工具 🔍、【抓手】工具 ✋：用于缩放窗口的显示比例和移动画面。

> 【预览】选项：在对话框中预览校正效果。

> 【显示网格】选项：选中该项，可在窗口中显示网格。可以在【大小】选项中调整网格间距，在【颜色】选项中修改网格的颜色。

【例12-8】使用【镜头校正】滤镜调整图像。

(1) 选择【文件】|【打开】命令，选择打开一幅图像文件，如图12-72所示。

(2) 选择【滤镜】|【镜头校正】命令，打开【镜头校正】对话框，选中【预览】、【显示网格】复选框，单击【自定】选项卡。如图12-73所示。

图 12-72　打开图像　　　　　图 12-73　【镜头校正】对话框

技巧

> 对话框中的【移去扭曲】选项与【移去扭曲】工具的作用相同，拖动滑块可以拉直从图像中心向外弯曲或朝图像中心弯曲的水平线和垂直线条，从而校正由镜头原因形成的图像镜头桶形失真或枕形失真。【色差】选项组用来校正图像中的色差。在校正色差时，可以使用【缩放】工具或按Ctrl++键放大预览的图像，以便更近距离地查看色边差。

(3) 【晕影】选项组用来校正由于镜头缺陷或镜头遮光处理不当而导致边缘较暗的图像。使用【数量】选项可以设置沿图像边缘变亮或变暗的程度。在【中点】选项中可以指定手【数量】滑块影响的区域的宽度，如果指定较小的数值，会影响较多的图像区域；如果指定较大的数值，则只会影响图像的边缘。设置【数量】为50，如图12-74所示。

(4) 【变换】选项组提供了用于校正图像透视和旋转角度的控制选项。【垂直透视】用于校正由于相机向上或向下倾斜而导致的图像透视，使图像中的垂直线平行。【水平透视】也是用于校正由于相机原因导致的图像透视，与【垂直透视】不同的是，它可以使水平线平行。【角度】可以旋转图像以针对相机歪斜加以校正，或者在校正透视后进行调整。它与【拉直】工具的作用相同。设置【角度】为5.20°，然后单击【确定】按钮。如图12-75所示。

图 12-74　调整晕影　　　　　　　　　　图 12-75　镜头校正

12.16　【消失点】滤镜

【消失点】滤镜允许在包含透视平面的图像中进行透视校正编辑。通过使用消失点，可以在图像指定的透视平面中应用绘画、仿制、拷贝或粘贴、变换等编辑操作。当使用消失点来修饰、添加或移去图像中的内容时，Photoshop 可以正确确定这些编辑操作的方向，并且将它们缩放到透视平面中。选择【滤镜】|【消失点】命令，可以打开【消失点】对话框。

【例 12-9】使用【消失点】滤镜修复图像。

(1) 选择【文件】|【打开】命令，选择打开一个图像文件。选择【滤镜】|【消失点】命令，打开【消失点】对话框，选择【缩放】工具，在图像区域中拖动放大区域。如图 12-76 所示。

图 12-76　打开【消失点】对话框

(2) 在该对话框左侧的【工具】栏中选择【创建平面】工具，在预览窗口中分别单击创建平面范围。然后使用【编辑平面】工具调整各个节点，使其符合透视。如图 12-77 所示。

(3) 选择【工具】面板中的【图章】工具，选择【修复】下拉列表框中的【开】选项，并选中【对齐】复选框。按住 Alt 键，在平面范围中单击创建取样点。使用【图章】工具在平面范围内进行涂抹仿制图像内容，并使其符合透视效果，然后单击【确定】按钮应用设置，如图 12-78 所示。

新世纪高职高专规划教材

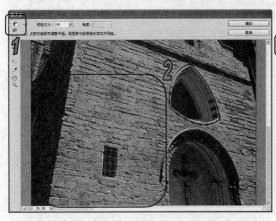

图 12-77　创建平面　　　　　　　　　　　　图 12-78　修复图像

12.17　上机实战

本章的上机实战主要练习制作图像画面效果，使用户进一步巩固掌握滤镜的使用方法及操作技巧。

(1) 选择【文件】|【打开】命令，选择打开一幅图像文件，如图 12-79 所示。

(2) 选择【艺术效果】|【绘画涂抹】命令。设置【画笔大小】为 5，【锐化程度】为 7，在【画笔类型】下拉列表中选择【简单】选项。如图 12-80 所示。

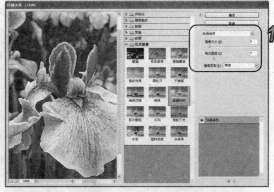

图 12-79　打开图像　　　　　　　　　　　　图 12-80　绘画涂抹

(3) 在对话框中，单击【新建效果图层】按钮，然后选择【纹理】|【纹理化】命令。在【纹理】下拉列表中选择【画布】选项，设置【缩放】为 200%，【凸现】为 8，在【光照】下拉列表中选择【上】选项，然后单击【确定】按钮。如图 12-81 所示。

(4) 选择【图像】|【画布大小】命令，打开【画布大小】对话框，选中【相对】复选框，设置【宽度】和【高度】均为 5 厘米，然后单击【确定】按钮，如图 12-82 所示。

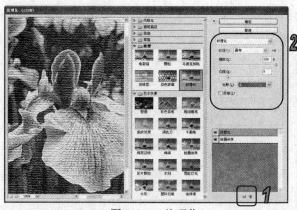

图 12-81　纹理化　　　　　　　　　　　　　图 12-82　设置画布

(5) 选择【矩形选框】工具，在工具选项栏中单击【从选区减去】按钮，创建选区。在【图层】面板中，单击【创建新图层】按钮，创建【图层 1】。打开【颜色】面板，设置 RGB=135、80、0，然后按 Alt+Backspace 组合键填充选区，如图 12-83 所示。

图 12-83　创建选区

(6) 选择【滤镜】|【杂色】|【添加杂色】命令，打开【添加杂色】对话框。设置【数量】为 10%，然后单击【确定】按钮，如图 12-84 所示。

(7) 选择菜单栏中的【滤镜】|【渲染】|【纤维】命令，打开【纤维】对话框。设置【差异】为 15，【强度】为 5，然后单击【确定】按钮，如图 12-85 所示。

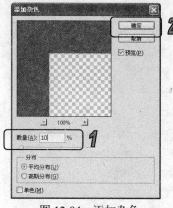

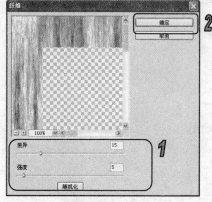

图 12-84　添加杂色　　　　　　　　　　　　图 12-85　纤维

(8) 再次选择【滤镜】|【渲染】|【纤维】命令，打开【纤维】对话框。设置【差异】为

新世纪高职高专规划教材

5,【强度】为 5，然后单击【确定】按钮，如图 12-86 所示。

图 12-86　应用【纤维】滤镜

(9) 双击【图层 2】图层，打开【图层样式】对话框。选择【斜面和浮雕】选项，在【方法】下拉列表中选择【雕刻柔和】选项，设置【深度】为 184%，【大小】为 10 像素，阴影【角度】为 120 度，【高度】为 45 度，阴影模式的【不透明度】为 60%，然后单击【确定】按钮，如图 12-87 所示。

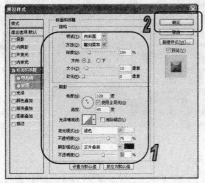

图 12-87　应用图层样式

12.18　习题

1. 打开图像文件，使用【镜头校正】滤镜调整图像，如图 12-88 所示。

图 12-88　镜头校正

2. 打开图像文件，使用【纹理】|【颗粒】滤镜为图像添加颗粒效果，如图 12-89 所示。

 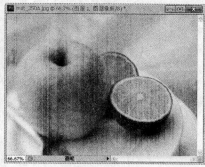

图 12-89　颗粒

新世纪高职高专规划教材

第13章

动作与任务自动化

主要内容　　在 Photoshop 中使用动作和自动化处理可以简化繁琐的图像编辑处理的过程，提高工作效率。本章主要介绍【动作】面板和批处理命令的操作方法和技巧

本章重点
- ➤ 【动作】面板
- ➤ 播放动作
- ➤ 记录动作

- ➤ 编辑动作
- ➤ 批处理
- ➤ 数据驱动图形

13.1 【动作】面板

动作是用于处理单个文件或多个文件的一系列命令。在 Photoshop 中，用户可以通过动作将图像的处理过程记录下来，以便以后对其他图像文件进行相同的处理。执行动作可以自动完成操作任务，简化重复操作，提高工作效率。

在 Photoshop 中，动作功能是通过【动作】面板来实现的。【动作】面板可以记录、编辑、播放和删除动作，也可以保存、载入和替换动作序列。选择【窗口】|【动作】命令，打开【动作】面板，如图 13-1 所示。打开【动作】面板菜单，从弹出菜单中选择【按钮模式】命令，可以显示【动作】面板的另一种状态，如图 13-2 所示。

图 13-1　【动作】面板

图 13-2　按钮模式

动作面板中各按钮功能如下。

➢ 切换项目开/关：如果动作组、动作和命令前显示有该标志，表示该动作组、动作和命令可以执行；如果动作组或动作前没有该标志，表示该动作组或动作不能被执行；如果某一命令前没有该标志，则表示该命令不能被执行。

➢ 切换对话开/关：如果命名前显示该标志，表示动作执行到该命令时会暂停，并且会打开相应命令的对话框，此时可修改命令的参数，按下【确定】按钮可继续执行后面的动作。如果动作组和动作前出现该标志，并显示为红色，则表示该动作中有部分命令设置了暂停。

➢ 【停止播放/记录】按钮 ▣ ：用于停止播放动作和停止记录动作。

➢ 【开始记录】按钮 ● ：单击该按钮可以开始记录动作。

➢ 【播放选定动作】按钮 ▶ ：选择一个动作后，单击该按钮可播放该动作。

➢ 【创建新组】按钮 ▭ ：单击该按钮可创建一个新的动作组，以保存新建的动作。

➢ 【创建新动作】按钮 ⬎ ：单击该按钮可以创建一个新的动作。

➢ 【删除】按钮 🗑 ：选择动作组、动作和命令后，单击该按钮可以将其删除。

13.2 播放动作

在默认情况下【动作】面板只显示【默认动作】组。要播放【默认动作】组中的动作，选中一个动作，然后单击【播放选定动作】按钮，即可按照顺序播放该动作中的所有命令。除此之外，单击【动作】面板的扩展菜单按钮，在打开的面板菜单中可以看到 Photoshop CS5 提供了另外 9 种不同的动作组，如画框、图像效果以及文字效果等，利用它们可以制作出多种效果，而且通过引用这些动作，可以大大简化操作的过程，使图像处理更加快速有效。

【例 13-1】 使用预设动作，调整图像效果。

(1) 选择打开一幅图像文件。选择【窗口】|【动作】命令，打开【动作】面板，如图 13-3 所示。

(2) 动作组是一系列动作的集合，动作是一系列操作命令的集合，单击命令前的 ▷ 按钮可以展开命令列表，显示命令的具体参数。打开【动作】面板，单击面板菜单按钮，在弹出的菜单中选择【画框】命令，载入【画框】动作组，如图 13-4 所示。

图 13-3 打开图像和【动作】面板

图 13-4 载入动作

(3) 在【动作】面板中，展开【画框】动作组，选择【照片卡角】动作，单击【播放选定的动作】按钮，执行【画框】动作组中的【照片卡角】动作，便可以制作画框效果，如图13-5 所示。

图 13-5　播放动作

技巧

在动作中选择一个命令，单击【播放选定的动作】按钮，可以从指定命令开始播放该命令及后面的命令，指定命令之前的命令不会被播放。如果按住 Ctrl 键，双击面板中的一个命令，可以单独播放该命令。

13.3　记录动作

【动作】面板用来记录操作过程，并将操作过程组合为动作组。在录制动作之前，最好先创建一个新的组，并把用户创建的动作存放在该组中，以便将其与 Photoshop 中自带的动作区分开。这样，当用户要使用自己创建的动作编辑其他图像时，就可以很方便地在新创建的组中查找到相应的动作。

【例 13-2】编辑打开的图像文件，并同时记录编辑操作。

(1) 在 Photoshop CS5 应用程序中，使用【文件】|【打开】命令，打开一幅图像文件。并选择【窗口】|【动作】命令，打开【动作】面板。如图 13-6 所示。

(2) 在【动作】面板中单击【创建新组】按钮，打开【新建组】对话框。在对话框的【名称】文本框中输入"用户动作组"，然后单击【确定】按钮，创建新动作组。如图 13-7 所示。

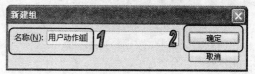

图 13-6　打开图像　　　　　　　　　图 13-7　新建动作组

新世纪高职高专规划教材

（3）单击【创建新动作】按钮，打开【新建动作】对话框。在对话框的【名称】文本框中输入"圆角边框"，在【颜色】下拉列表中选择【红色】，然后单击【记录】按钮，开始记录动作。如图 13-8 所示。

（4）选择【矩形】工具，在选项栏中，单击【形状图层】按钮，设置颜色为【白色】，然后在图像中创建形状图层。如图 13-9 所示。

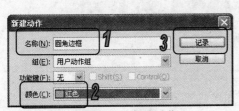

图 13-8　新建动作

图 13-9　创建选区

（5）选择【圆角矩形】工具，在工具选项栏中设置【半径】为 40px，单击【从形状区域减去】按钮，然后在图像中拖动，操作完成后，在【动作】面板中单击【停止播放/记录】按钮，完成动作的记录，如图 13-10 所示。

图 13-10　录制动作

技巧

将动作或命令拖至【动作】面板的【删除】按钮上，可将其删除。选择面板菜单中的【清除全部动作】命令，可删除所有动作。需要将面板恢复为默认的动作，可选择面板菜单中的【复位动作】命令。

13.4　编辑动作

在 Photoshop 中，大部分操作都可以被记录在【动作】面板中。对于有些不能被记录为动作的操作，也可以插入菜单项或停止命令。对已完成记录的动作，还可以添加步骤，修改参数。

§ 13.4.1　添加步骤

在完成的动作中，可以添加新的操作步骤。添加步骤的操作方法与录制动作的方法相同。选择一个动作后，单击【动作】面板中的【开始记录】按钮，即可向动作中添加步骤。

【例 13-3】在动作中添加步骤。

(1) 在 Photoshop CS5 应用程序中，使用【文件】|【打开】命令，打开一幅图像文件。选择【窗口】|【动作】命令，打开【动作】面板，如图 13-11 所示。

(2) 选择【动作】面板中【圆角边框】动作下的【交换色板】命令，单击【开始记录】按钮，如图 13-12 所示。

图 13-11　打开图像

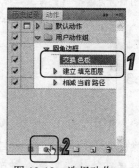
图 13-12　选择动作

(3) 选择【图像】|【调整】|【去色】命令，单击【停止播放/记录】按钮，停止录制，将命令操作插入到动作中，如图 13-13 所示。

图 13-13　添加步骤

技巧

在【动作】面板中，将动作或命令拖移至同一动作或另一动作中的新位置，即可重新排列动作和命令。按住 Alt 键移动动作和命令，或者将它们拖至【创建新动作】按钮上，即可将动作和命令复制。

§ 13.4.2　插入菜单项目

通过选择【动作】面板控制菜单中的【插入菜单项目】命令，可以在动作中插入所需执

新世纪高职高专规划教材

行的菜单命令。选择【插入菜单项目】命令，可以打开如图 13-14 左图所示的【插入菜单项目】对话框。此时，用户可以根据需要在菜单栏中选择菜单命令，然后，在【插入菜单项目】对话框的【菜单项】后将显示所选择菜单命令名称，如图 13-14 右图所示。

图 13-14　插入菜单项目

提示

　　使用该方法操作时，每次只能插入一条菜单命令，并且插入的菜单命令无法设置参数选项，只能按照其默认状态执行。再次执行该动作时，可以重新设置菜单命令的参数选项。

§ 13.4.3　插入停止

　　【插入停止】命令可以让动作播放到某一步时自动停止，从而可以手动执行无法录制为动作的操作，如使用绘画工具绘制。

　　选择【插入停止】命令，可以打开【记录停止】对话框，如图 13-15 所示。用户在【信息】文本框中输入所要提示的文本内容，以作为暂停动作执行时显示的提示信息。如果在该对话框中选中【允许继续】复选框，则可以在暂停动作执行时打开的对话框中显示【继续】按钮。单击该按钮，可以继续执行动作中剩余的操作步骤。

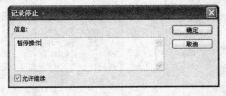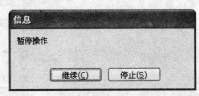

图 13-15　【记录停止】对话框

§ 13.4.4　指定回放速度

　　默认情况下，动作运行的速度较快，无法看清图像的每步处理过程。如果要修改动作的播放速度，可以选择【动作】面板菜单中的【回放选项】命令，打开【回放选项】对话框，如图 13-16 所示。该对话框中各选项具体作用如下。

- ➢ 【加速】：系统默认的选项，以正常的速度播放动作。
- ➢ 【逐步】：显示每个命令的处理结果，然后再进行下一个命令。
- ➢ 【暂停】：选择该项并在后面的数值框中输入时间，可以指定播放动作时各个命令的间隔时间。

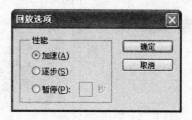

图 13-16　指定回放

13.5　批处理

　　【批处理】命令可以将动作应用于所有的目标文件中。从而可以实现操作的自动化，大量完成重复性操作，以提高工作效率。可以使用【批处理】功能批量处理图像，如调整照片的大小、分辨率以及颜色模式等其他处理。

　　在进行批处理前，首先应该将需要批处理的文件保存到一个文件夹中，然后选择【文件】|【自动】|【批处理】命令，打开【批处理】对话框。

　　【例 13-4】使用【批处理】命令处理多幅图像文件。

　　(1) 选择菜单栏中的【文件】|【自动】|【批处理】命令，打开【批处理】对话框。在【组】列表选择【默认动作】选项。在【动作】列表中选择【四分颜色】选项。在【源】列表选择【文件夹】选项，然后单击【选择】按钮，选择需要批处理的文件夹，如图 13-17 所示。

　　(2) 在【目标】下拉列表选择【文件夹】选项，然后单击【选择】按钮，在打开的对话框中指定完成批处理后文件的保存位置，如图 13-18 所示。

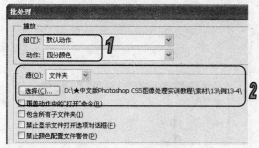

图 13-17　选择动作　　　　　　　　　　　　　图 3-18　选择文件夹

技巧

　　选中【选择】按钮下方的【覆盖动作中的"打开"命令】复选框表示可以按照在【选择】中设置的路径打开文件，而忽略在动作中记录的【打开】操作；选中【包含所有子文件夹】复选框表示可以对【选择】中设置的路径中子文件夹中的所有图像文件进行同一个动作的操作。

　　(3) 单击【确定】按钮，关闭对话框，系统会自动使用记录的动作调整图像，在打开的【存储为】对话框中存储图像，如图 13-19 所示。

新世纪高职高专规划教材

图 13-19　存储

13.6　快捷批处理

在 Photoshop 中，还可以使用【创建快捷批处理】命令简化批处理操作的过程。快捷批处理是一个能够快速完成批处理的应用程序。创建快捷批处理之前，也需要在【动作】面板中创建所需要的动作。选择【文件】|【自动】|【创建快捷批处理】命令，打开【创建快捷批处理】对话框。

【例 13-5】 创建快捷批处理程序。

(1) 选择【文件】|【自动】|【创建快捷批处理】命令，打开【创建快捷批处理】对话框，如图 13-20 所示。

(2) 选择一个动作，然后在【将快捷批处理存储于】选项组中单击【选择】按钮，打开【存储】对话框，为创建的快捷批处理设置名称和存储位置。单击【创建快捷批处理】对话框中的【确定】按钮即可创建快捷批处理程序并保存到指定位置。如图 13-21 所示。

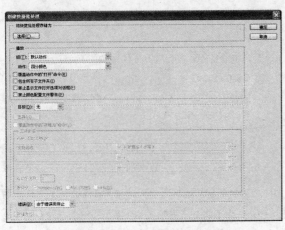

图 13-20　【批处理】对话框

图 13-21　设置存储位置

(3) 快捷批处理程序显示为 状图标，只需将图像或文件夹拖动到该图标上，即可直接对图像进行批处理，即使没有用运行 Photoshop 应用程序，也可以完成批处理操作。

13.7　数据驱动图形

数据驱动图形是 Photoshop 的一项智能化的功能，利用该功能，可以快速准确地生成图像的多个不同版本，它们使用相同的模板，但可以包含不同的内容。数据驱动图形比较适合于印刷项目或 Web 项目。

§ 13.7.1　定义变量

变量用来定义模板中的将发生变化的元素。在 Photoshop 中，可以定义可见性变量、像素替换变量和文本替换变量 3 种类型的变量。要定义变量，首先需要创建模板图像，然后选择【图像】|【变量】|【定义】命令，打开【变量】对话框。如图 13-22 所示。在【图层】选项中可以选择一个包含要定义为变量的内容的图层。

图 13-22　【变量】对话框

【变量】对话框中各选项功能介绍如下。

➤ 【可见性】：可见性变量用来显示或隐藏图层的内容。选择此选项后，可在下面的【名称】文本框中设置变量的名称。

➤ 【像素替换】：像素替换变量可使用其他图像文件中的像素替换图层中的像素。选择此选项后，可在下面的【名称】文本框中设置变量的名称。在【方法】下拉列表中可选择缩放替换图像的方法。【对齐方式】可以选取在定界框内放置图像的对齐方式。【剪切到定界框】可以剪切未在定界框内的图像区域。

➤ 【文本替换】：如在【图层】选项中选择了文本图层，对话框中将显示【文本替换】选项。选择该项，可替换图层中的文本字符。选项下的【名称】选项中可以设置变量的名称。

§ 13.7.2　定义数据组

数据组是变量及其相关数据的集合，选择【图像】|【变量】|【数据组】命令，可以打开【变量】对话框，设置数据组选项。如图 13-23 所示。

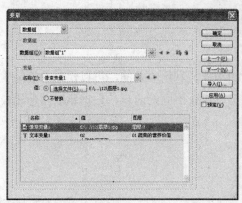

图 13-23　数据组选项

【变量】对话框中各选项组的功能介绍如下。

> 【数据组】：单击【基于当前数据组创建新数据组】按钮 可以创建新数据组。如果创建了多个数据组，可以单击【转到上一数据组】按钮 和【转到下一数据组】按钮 切换数据组。选择一个数据组后，单击【删除此数据组】按钮 即可将其删除。

> 【变量】：在该选项内可以编辑变量数据。对于【可见性】变量，选择【可见】选项可以显示图层的内容，选择【不可见】选项可以隐藏图层的内容；对于【像素替换】变量，单击【选择文件】按钮，然后选择替换图像文件，如果在应用数据组前选择【不替换】，将使图层保持其当前状态；对于【文本替换】变量，可以在【值】文本框中输入一个文本字符串。

§ 13.7.3　预览与应用数据组

预览数据组时，可以预览每个图形版本在使用各数据组时的外观。应用数据组时，可以将数据组的内容应用于基本图像，同时将所有变量和数据组保持不变。该方法可以将 PSD 文档的外观更改为数据组的值，即覆盖原始文档。

创建了模板图像和数据组后，选择【图像】|【应用数据组】命令，打开【应用数据组】对话框。从列表中选择数据组，选中【预览】复选框可以在文档的窗口中预览图像。单击【应用】按钮，可以将数据组的内容应用于基本图像，同时所有变量和数据组保持不变。

【例 13-6】在用数据驱动图形创建多版本图像。

(1) 在 Photoshop CS5 应用程序中，选择【文件】|【打开】命令打开"数据驱动图形.PSD"图像文件。如图 13-24 所示。

(2) 选择【图像】|【变量】|【定义】命令，打开【变量】对话框。在【图层】下拉列表中选择文字图层，然后选中【文本替换】复选框。如图 13-25 所示。

(3) 在【图层】下拉列表中选择【图层 0】选项，然后选中【像素替换】复选框。如图 13-26 所示。

(4) 在【变量】对话框左上角的下拉列表中选择【数据组】选项，切换到数据组选项设置。单击【基于当前数据组创建新数据组】按钮 ，创建【数据组"1"】。单击【选择文件】按钮，在打开的【图像替换】对话框中选择"图层 1.jpg"图像文件。如图 13-27 所示。

新世纪高职高专规划教材

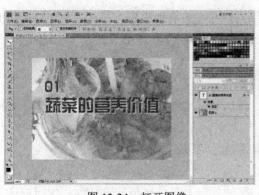

图 13-24　打开图像

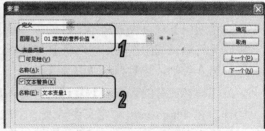

图 13-25　选中【文本替换】复选框

图 13-26　选中【像素替换】复选框

图 13-27　创建【数据组"1"】并选择文件

(5) 在【名称】下拉列表中选择【文本变量 1】选项，然后在【值】文本框中输入"02 十种抗癌蔬菜"，然后单击【确定】按钮。如图 13-28 所示。

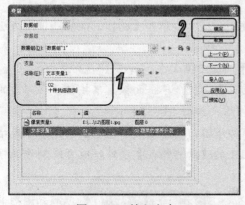

图 13-28　输入文本

图 13-29　应用数据组

(6) 选择【图像】|【应用数据组】命令，打开【应用数据组】对话框。选择【预览】选项，可以看到图像文件中的背景被替换为指定的图像文件，最后单击【应用】按钮即可关闭对话框。如图 13-29 所示。

§ 13.7.4　导入与导出数据组

Photoshop 还支持外部文件创建的数据组，如文本编辑器或电子表格程序中创建的数据组。通过创建包含所有变量信息的外部文本文件并将该文件载入到包含变量的 PSD 文档中，

可以快速创建大量的数据组。选择【文件】|【导入】|【变量数据组】命令，打开【导入数据组】对话框将其导入到 Photoshop 中。如图 13-30 所示。

【导入数据组】对话框中各选项功能如下。

➢ 【编码】：可设置文本文件的编码或保留设置为【自动】。

➢ 【将第一列用作数据组名称】复选框：使用文本文件的第一列的内容命令每个数据组。否则，将数据组命名为【数据组"1"】、【数据组"2"】等。

➢ 【替换现有的数据组】复选框：导入前删除所有现有的数据组。

同样，在 Photoshop 中定义变量及一个或多个数据组后，可以选择【文件】|【导出】|【数据组作为文件】命令，打开【将数据组作为文件导出】对话框按批处理模式使用数据组值将图像文件输出为 PSD 文件。如图 13-31 所示。

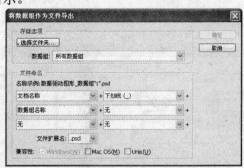

图 13-30　【导入数据组】对话框　　　　图 13-31　【将数据组作为文件导出】对话框

13.8　上机实战

本章的上机实战主要练习制作图像效果，使用户进一步掌握【动作】面板的使用方法和操作技巧。

(1) 选择【文件】|【打开】命令，选择打开一幅图像文件，如图 13-32 所示。

(2) 选择【窗口】|【动作】命令，打开【动作】面板，单击面板菜单按钮，在弹出的菜单中选择【画框】命令，载入【图像效果】动作组，如图 13-33 所示。

(3) 在【动作】面板中，展开【图像效果】动作组，选择【油彩蜡笔】动作，单击【播放选定的动作】按钮，执行【图像效果】动作组中的【油彩蜡笔】动作，便可以制作画框效果，如图 13-34 所示。

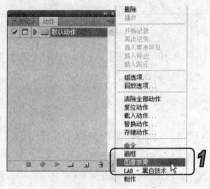

图 13-32　打开图像　　　　　　　　　图 13-33　载入动作

图 13-34　播放动作

（4）在【动作】面板中单击【创建新组】按钮，打开【新建组】对话框。在对话框的【名称】文本框中输入"用户动作组"，然后单击【确定】按钮创建新动作组。如图 13-35 所示。

（5）单击【创建新动作】按钮，打开【新建动作】对话框。在对话框的【名称】文本框中输入"边框"，在【颜色】下拉列表中选择【红色】，然后单击【记录】按钮开始记录动作。如图 13-36 所示。

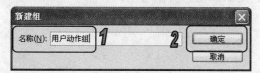

图 13-35　创建动作组　　　　　　　　　　图 13-36　创建动作

（6）选择【矩形选框】工具，在工具选项栏中单击【从选区减去】按钮，创建选区，如图 13-37 所示。

（7）选择【编辑】|【填充】命令，打开【填充】对话框，在【使用】下拉列表中选择【图案】，然后选择一种图案，设置【模式】为【叠加】，然后单击【确定】按钮，如图 13-38 所示。

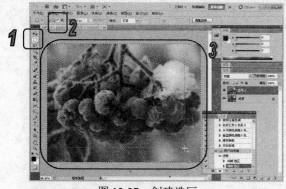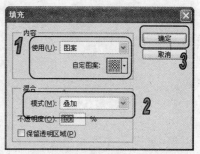

图 13-37　创建选区　　　　　　　　　　图 13-38　填充

（8）按 Ctrl+D 组合键取消选区，在【动作】面板中单击【停止播放/记录】按钮 ，完成动作的记录，如图 13-39 所示。

新世纪高职高专规划教材

图 13-39　记录动作

13.9　习题

1. 打开任意一个图像文件，应用【动作】面板中【默认动作】组中的【四分颜色】动作。
2. 打开任意一个图像文件，记录调整图像大小的操作动作。

第14章

Photoshop 综合实例应用

主要内容　本章通过实践巩固前面所学的工具、命令等内容的应用，使读者应能够进一步加强对 Photoshop CS5 的认识，并能够综合运用其基本功能和操作创建图像效果。

本章重点
- ➤ 制作书籍封面
- ➤ 制作文字效果
- ➤ 制作电脑桌面壁纸

14.1　制作书籍封面

本节实例通过制作简单的书籍封面，帮助用户巩固和掌握图像编辑操作、辅助工具的使用和图像变换的应用技巧。

(1) 选择【文件】|【新建】命令，在打开的【新建】对话框中设置新图像文件的文件名为"杂志封面"、宽度为 17 厘米、高度为 13 厘米、分辨率为 72 像素/英寸、颜色模式为 CMYK 颜色、背景内容为白色，如图 14-1 所示。设置完成后，单击【确定】按钮，即可创建【杂志封面】图像文件。

(2) 选择【视图】|【标尺】命令，在图像文件窗口中显示标尺。移动光标至垂直标尺上，分别在水平标尺的 8 厘米和 9 厘米位置处，拖动创建出两条参考线，用以确定书脊的位置，方便封面、封底和书脊画面的制作，如图 14-2 所示。

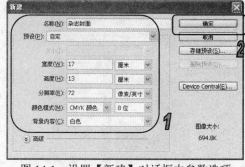

图 14-1　设置【新建】对话框中参数选项

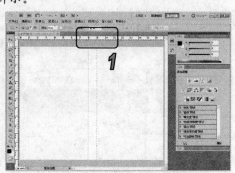

图 14-2　创建书脊位置参考线

（3）打开素材图像文件，按 Ctrl+A 键选择图像，并按 Ctrl+C 键复制图像，如图 14-3 所示。

（4）返回【杂志封面】图像文件窗口，按 Ctrl+V 键复制图像，并选择【编辑】|【自由变换】命令，调整该图像的大小，然后移动其至图像画面的右侧，如图 14-4 所示。

图 14-3　打开图像文件　　　　　　　　　图 14-4　调整图像大小和位置

（5）选择工具箱中的【画笔】工具。在该工具的选项栏中，设置画笔为【粗边圆形钢笔】画笔，【大小】为 45px，如图 14-5 所示。

（6）单击【图层】调板底部的【创建新图层】按钮，创建【图层 2】图层。在【颜色】面板中，设置颜色 RGB=146、95、37，然后使用画笔工具在图像中涂抹，如图 14-6 所示。

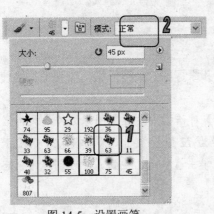

图 14-5　设置画笔　　　　　　　　　　　图 14-6　使用画笔

（7）在【图层】面板中，设置【图层 2】图层的【混合模式】为【线性光】，【不透明度】为 70%，如图 14-7 所示。

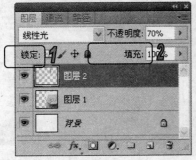

图 14-7　设置图层

(8) 选择工具箱中的【直排文字】工具，在该工具的选项栏中设置字体为汉仪丫丫体简、字体大小为 30 点，然后使用【直排文字】工具在图像中单击并输入文本，然后按 Ctrl+Enter 键结束输入，再按 Ctrl+J 键复制文字图层，如图 14-8 所示。

图 14-8 输入文字

(9) 在【图层】面板中最先创建的文字图层上右击，在弹出的菜单中选择【栅格化文字】命令，栅格化图层，如图 14-9 所示。

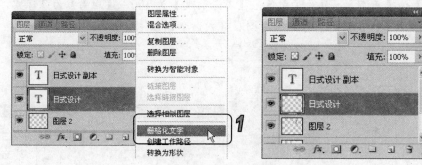

图 14-9 栅格化图层

(10) 按 Ctrl 键，单击图层缩览图，载入选区，然后选择【选择】|【修改】|【扩展】命令，打开【扩展选区】对话框，设置【扩展量】数值为 5 像素，然后单击【确定】按钮扩展选区，如图 14-10 所示。

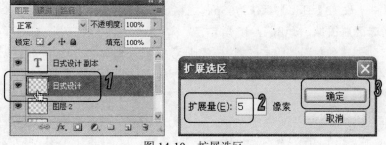

图 14-10 扩展选区

(11) 按 Ctrl+Delete 键使用背景色填充选区，并按 Ctrl+D 键取消选区，然后选择【移动】工具调整图像位置，如图 14-11 所示。

(12) 选择工具箱中的【直排文字】工具，单击该工具的选项栏中【切换字符和段落面板】按钮，打开【字符】面板，设置字体为黑体、大小为 14 点，字符间距为 100，单击【仿粗体】图标，如图 14-12 所示。

新世纪高职高专规划教材

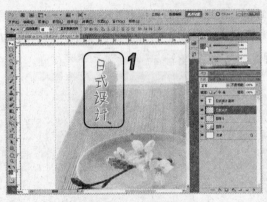
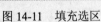

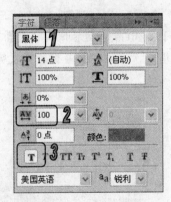

图 14-11　填充选区　　　　　　　　　　　　　　　图 14-12　设置字符

(13) 在图像文件窗口中，单击并输入文本"日式设计"和"美好出版社"，然后选择【移动】工具移动其位置，如图 14-13 所示。

(14) 双击刚创建的文字图层，打开【图层样式】对话框，选中【投影】复选框，并设置【混合模式】为【正常】，颜色为白色，【不透明度】为 100，【距离】为 7 像素，【大小】为 0 像素，然后单击【确定】按钮应用图层样式，如图 14-14 所示。

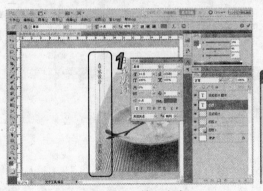

图 14-13　输入文字　　　　　　　　　　　　　　　图 14-14　设置图层样式

(15) 选择【文件】|【打开】命令，打开另一幅素材图像文件。选择【多边形套索】工具，在工具选项栏中，设置【羽化】数值为 3px，然后使用【多边形套索】工具创建选区，并按 Ctrl+C 键复制选区内图像，如图 14-15 所示。

(16) 返回到创建的封面图像文件，按 Ctrl+V 键粘贴图像，并选择【移动】工具调整其位置，如图 14-16 所示。

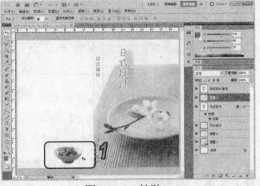

图 14-15　拷贝　　　　　　　　　　　　　　　　　图 14-16　粘贴

(17) 选择工具箱中的【横排文字】工具，在工具选项栏中单击【切换字符和段落面板】按钮，在打开的【字符】面板中设置字体为宋体、大小为 10 点、颜色为黑色、字符间距为-50，然后使用【横排文字】工具在封底输入图书定价，并使用【移动】工具将定价移动其至封底的适当位置，如图 14-17 所示。

图 14-17　输入文字

14.2　制作文字效果

本节实例通过制作文字效果，使用户巩固和掌握选区的创建与编辑，以及图层样式的应用技巧。

(1) 选择【文件】|【新建】命令，打开【新建】对话框，设置对话框中的【宽度】数值为 600 像素，【高度】数值为 400 像素，【分辨率】数值为 72 像素/英寸，然后单击【确定】按钮创建一个新文件，如图 14-18 所示。

(2) 在【颜色】面板中，设置前景颜色 RGB=1、25、35，然后按 Alt+Delete 键使用前景色填充图像，如图 14-19 所示。

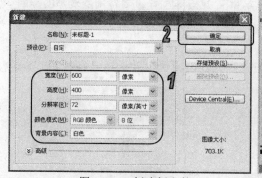

图 14-18　创建新文件

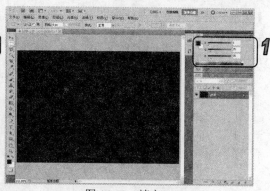

图 14-19　填充

(3) 选择【滤镜】|【杂色】|【添加杂色】命令，打开【添加杂色】对话框，设置数量为2%，然后单击【确定】按钮，如图 14-20 所示。

(4) 在【图层】面板中，单击【创建新图层】按钮创建【图层 1】图层，然后选择【椭圆选框】工具，在图像中拖动创建选区，如图 14-21 所示。

新世纪高职高专规划教材

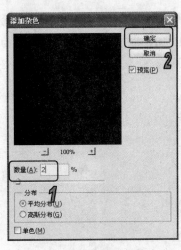

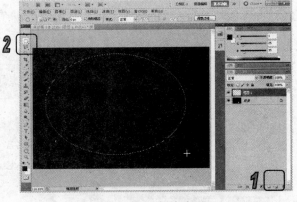

图 14-20　添加杂色　　　　　　　　　　　图 14-21　创建选区

(5) 选择【选择】|【修改】|【羽化】命令，打开【羽化选区】对话框，设置【羽化半径】
为 150 像素，然后单击【确定】按钮羽化选区，同时使用背景色填充选区，如图 14-22 所示。

图 14-22　羽化、填充选区

(6) 选择【横排文字】工具，在工具选项栏中单击【切换字符和段落面板】按钮，打开
【字符】面板，设置字体样式为 Arial Black，字体大小为 145 点，字符间距为-50，颜色为白
色，然后使用【横排文字】工具在图像中单击，输入文字，如图 14-23 所示。

图 14-23　输入文字

(7) 双击文字图层，打开【图层样式】对话框。在对话框中，选中【投影】复选框，设
置【不透明度】为 80%，【距离】为 8 像素，【大小】为 10 像素，然后单击【等高线】预

览，打开【等高线编辑器】对话框，调整【映射】区域的曲线，然后单击【确定】按钮。如图 14-24 所示。

图 14-24　应用【投影】样式

(8) 选中【内阴影】复选框，在【混合模式】下拉列表中选择【叠加】选项，设置【不透明度】为 35%，【距离】为 1 像素，【大小】为 1 像素，然后在【等高线】下拉面板中选择【内凹-深】选项，如图 14-25 所示。

(9) 选择【外发光】复选框，在【混合模式】下拉列表中选择【柔光】选项，设置【不透明度】为 69%，单击【设置发光颜色】色板，在打开的【拾色器】对话框中将颜色设置为黑色，设置【大小】为 21 像素，然后单击【等高线】预览，打开【等高线编辑器】对话框，调整【映射】区域的曲线，然后单击【确定】按钮。如图 14-26 所示。

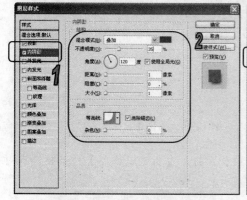

图 14-25　应用【内阴影】样式

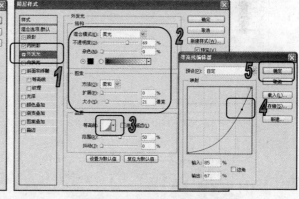

图 14-26　应用【外发光】样式

(10) 选中【内发光】复选框，在【混合模式】下拉列表中选择【滤色】选项，单击【设置发光颜色】色板，在打开的【拾色器】对话框中将颜色设置为浅灰色，设置【大小】为 16 像素。如图 14-27 所示。

(11) 选中【斜面和浮雕】复选框，在【样式】下拉列表中选择【内斜面】选项，在【方法】下拉列表中选择【雕刻清晰】选项，设置阴影【角度】为 68 度，【高度】为 32 度，单击【光泽等高线】预览，打开【等高线编辑器】对话框，调整【映射】区域的曲线，然后单击【确定】按钮。在【高光模式】下拉列表中选择【颜色减淡】选项，设置【不透明度】为 77%；【阴影模式】下拉列表中选择【颜色加深】选择，单击颜色色板将颜色设置为深灰色，设置【不透明度】为 52%。如图 14-28 所示。

新世纪高职高专规划教材

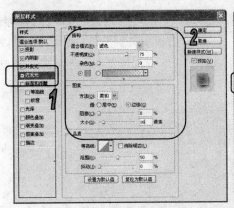
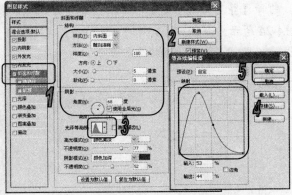

图 14-27　应用【内发光】样式　　　　　图 14-28　应用【斜面和浮雕】样式

(12) 选中【等高线】复选框，单击【等高线】下拉面板，选择【半圆】选项，并设置【范围】为 45%。如图 14-29 所示。

(13) 选中【光泽】复选框，在【混合模式】下拉列表中选择【颜色减淡】选项，单击颜色色板在打开的【拾色器】对话框中将颜色设置为浅灰色。设置【不透明度】数值为 20%，【距离】为 11 像素，【大小】为 14 像素。如图 14-30 所示。

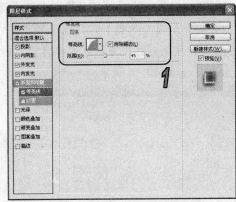
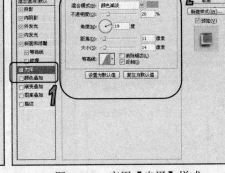

图 14-29　应用【等高线】样式　　　　　图 14-30　应用【光泽】样式

(14) 选中【渐变叠加】复选框，单击【渐变】预览，打开【渐变编辑器】对话框，在对话框中设置渐变样式，然后单击【确定】按钮。如图 14-31 所示。

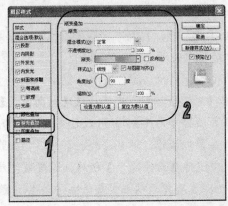

图 14-31　应用【渐变叠加】样式

新世纪高职高专规划教材

(15) 选中【描边】复选框，设置【大小】为 2 像素，在【位置】下拉列表中选择【内部】选项。在【填充类型】下拉列表中选择【渐变】选项，然后单击【渐变】预览，在打开的【渐变编辑器】对话框中设置渐变样式，单击【确定】按钮。然后单击【图层样式】对话框中的【确定】按钮应用图层样式，如图 14-32 所示。

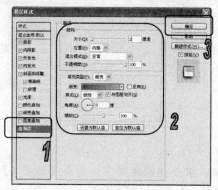

图 14-32　应用【描边】样式

(16) 选择【文件】|【打开】命令，打开素材图像文件，并按 Ctrl+A 键选择所有图像，按 Ctrl+C 键复制图像。返回到正在编辑的图像文件，在【图层】面板中选中【背景】图层，然后按 Ctrl+V 键粘贴图像，并按 Ctrl+T 键应用【自由变换】命令，放大素材图像，同时设置图层混合模式为【强光】，如图 14-33 所示。

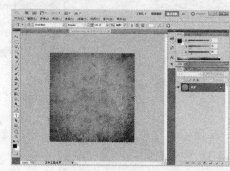

图 14-33　粘贴图像

14.3　制作电脑桌面壁纸

本节实例通过制作电脑桌面壁纸效果，使用户巩固和掌握选区与通道的创建与编辑方法，图层的各种编辑操作，样式的应用技巧，以及滤镜的应用效果。

(1) 选择【文件】|【新建】命令，打开【新建】对话框。在对话框中，设置【宽度】为 1024 像素，【高度】为 768 像素，【分辨率】为 350 像素/英寸，在【颜色模式】下拉列表中选择【RGB 颜色】选项，【背景内容】下拉列表中选择【白色】选项，然后单击【确定】按钮创建新文档，如图 14-34 所示。

(2) 选择工具箱中的【画笔】工具，在工具栏中选择较为柔和的画笔样式，然后在【颜色】面板中，设置颜色RGB=153、112、108，然后使用【画笔】工具在图像中涂抹，如图 14-35 所示。

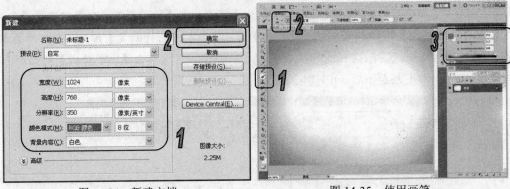

图 14-34　新建文档　　　　　　　　　　　图 14-35　使用画笔

(3) 选择【文件】|【打开】命令，打开一幅图像文件。然后按 Ctrl+A 键选择所有图像，并按 Ctrl+C 键复制选区内图像，如图 14-36 所示。

(4) 返回创建的壁纸图像文件，按 Ctrl+V 组合键粘贴图像，生成【图层 1】。并设置图层【混合模式】为【正片叠底】，【填充】为 70%，如图 14-37 所示。

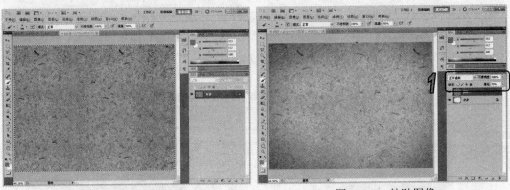

图 14-36　复制图像　　　　　　　　　　　图 14-37　粘贴图像

(5) 选择【文件】|【打开】命令，选择打开一幅图像文件。然后按 Ctrl+A 组合键选择所有图像，并按 Ctrl+C 键复制选区内图像，如图 14-38 所示。

(6) 返回创建的壁纸图像文件，按 Ctrl+V 组合键粘贴图像，生成【图层 2】。选择【编辑】|【变换】|【水平翻转】命令翻转图像，并按 Ctrl+T 组合键应用【自由变换】命令调整图像大小及其位置，如图 14-39 所示。

图 14-38　复制图像　　　　　　　　　　　图 14-39　粘贴图像

(7) 在【图层】面板中，设置【图层 2】的图层【混合模式】为【正片叠底】，如图 14-40

所示。

(8) 选择【文件】|【打开】命令，打开一幅图像文件。然后按 Ctrl+A 键选择所有图像，并按 Ctrl+C 键复制选区内图像，如图 14-41 所示。

(9) 返回创建的壁纸图像文件，按 Ctrl+V 组合键粘贴图像，生成【图层 3】。按 Ctrl+T 键应用【自由变换】命令调整图像大小及其位置，如图 14-42 所示。

(10) 在【图层】面板中，设置【图层 2】的图层【混合模式】为【正片叠底】，【不透明度】为 75%，如图 14-43 所示。

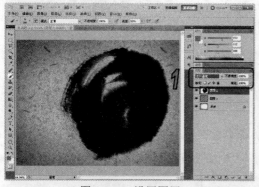

图 14-40　设置图层　　　　　　　　　图 14-41　复制图像

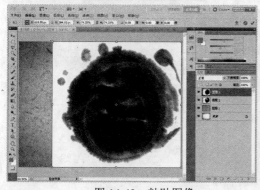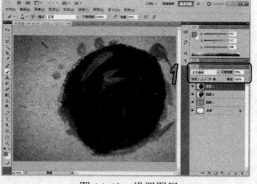

图 14-42　粘贴图像　　　　　　　　　图 14-43　设置图层

(11) 在【图层】面板中，单击【创建新图层】按钮创建新图层，然后在【颜色】面板中设置 RGB=234、90、91，再使用【画笔】工具在图像中涂抹绘制。绘制完成后，在【图层】面板中，设置图层【混合模式】为【正片叠底】，如图 14-44 所示。

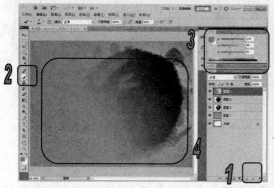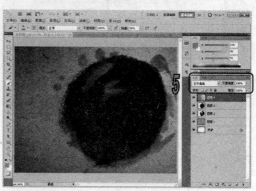

图 14-44　创建图层

新世纪高职高专规划教材

(12) 选择【文件】|【打开】命令，打开一幅图像文件。选择工具箱中的【魔棒】工具，在工具选项栏中单击【添加到选区】按钮，然后使用【魔棒】工具在白色背景区域单击，创建选区。选择【选择】|【反向】命令，按 Ctrl+C 组合键复制选区内图像，如图 14-45 所示。

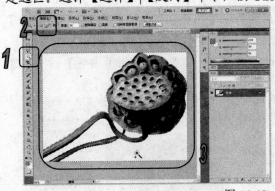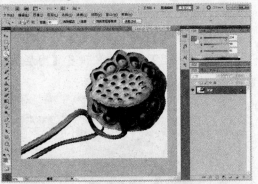

图 14-45　复制图像

(13) 返回创建的壁纸图像文件，按 Ctrl+V 键粘贴图像，生成【图层 5】。按 Ctrl+T 键应用【自由变换】命令调整图像大小及其位置，然后按 Shift+Ctrl+Alt+E 组合键盖印图层，生成【图层 6】，如图 14-46 所示。

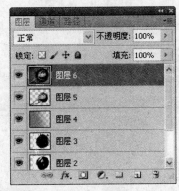

图 14-46　粘贴图像

(14) 按 Ctrl+J 键两次复制【图层 6】。在【图层】面板中，选中【图层 6 副本】图层，并按 Ctrl+Delete 键使用背景色填充图层，然后选中【图层 6 副本 2】图层。如图 14-47 所示。

图 14-47　复制图层

(15) 单击工具箱中的【以快速蒙版模式编辑】按钮，或直接按下 Q 键，切换到蒙版编辑模式。选择【画笔】工具，在选项栏中设置【画笔】样式为尖角 300 像素，然后在图像中涂抹。如图 14-48 所示。

(16) 选择【滤镜】|【扭曲】|【波纹】命令，打开【波纹】对话框。在对话框中，设置【数量】为-300%，然后单击【确定】按钮，如图 14-49 所示。

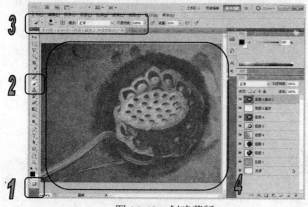

图 14-48　创建蒙版

图 14-49　波纹

(17) 单击工具箱中的【以标准模式编辑】按钮转换为选区，然后按 Delete 键，删除选区内图像，如图 14-50 所示。

(18) 打开【通道】面板，单击面板底部的【将选区存储为通道】按钮，保存选区，如图 14-51 所示。

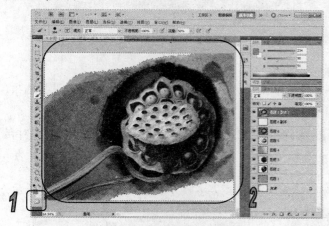

图 14-50　删除图像

图 14-51　创建通道

(19) 返回【图层】面板，选择【选择】|【修改】|【扩展】命令，打开【扩展选区】对话框。在对话框中，设置【扩展量】数值为 10 像素，单击【确定】按钮，如图 14-52 所示。

(20) 单击工具箱中的【以快速蒙版模式编辑】按钮，切换换到蒙版编辑模式，如图 14-53 所示。

(21) 选择【滤镜】|【像素化】|【晶格化】命令，打开【晶格化】对话框。在对话框中，设置【单元格大小】数值为 10，然后单击【确定】按钮，如图 14-54 所示。

(22) 单击工具箱中的【以标准模式编辑】按钮，转换到选区。打开【通道】面板，按住 Ctrl+Alt 组合键单击 Alpha1 通道缩览图，如图 14-55 所示。

新世纪高职高专规划教材

图 14-52 扩展选区　　　　　　　　　　图 14-53 转换到蒙版

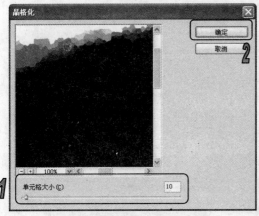

图 14-54 晶格化　　　　　　　　　　图 14-55 运算选区

　　(23) 打开【调整】面板，在调整列表中单击【亮度/对比度】命令图标，打开设置选项。设置【亮度】数值为 55，如图 14-56 所示。

　　(24) 在【图层】面板中，双击【图层 1 副本】图层，打开【图层样式】对话框。在对话框中，选中【投影】选项，设置【角度】数值为 10 度，【距离】为 10 像素，【大小】为 6 像素，然后单击【确定】按钮。如图 14-57 所示。

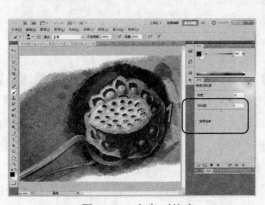

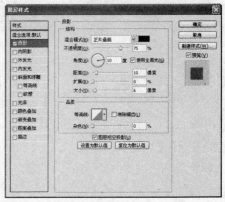

图 14-56 亮度/对比度　　　　　　　　　图 14-57 投影

(25) 在【图层】面板中，选中【亮度/对比度 1】和【图层 1 副本】图层，按 Ctrl+Alt+E 组合键创建【亮度/对比度 1(合并)】图层，如图 14-58 所示。

图 14-58　合并图层

(26) 选择【文件】|【存储为】命令，打开【存储为】对话框，在对话框的【文件名】文本框中输入"桌面"，在【格式】下拉列表中选择 JPEG 格式，然后单击【保存】按钮，存储图像，如图 14-59 所示。

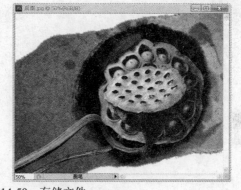

图 14-59　存储文件